U0194286

Excel 2010
办公应用

入门　进阶　提高

漫库文化　编著

超值
全彩版

21 二十一世纪出版社集团
21st Century Publishing Group

anku

图书在版编目（CIP）数据

Excel 2010办公应用入门·进阶·提高：超值全彩版 /漫库文化编著. —— 南昌：
二十一世纪出版社集团, 2016.7

ISBN 978-7-5568-1938-6

Ⅰ.①E… Ⅱ.①漫… Ⅲ.①表处理软件 Ⅳ.①TP391.13

中国版本图书馆CIP数据核字(2016)第146937号

新浪微博： @二十一世纪出版社官方

Excel 2010 办公应用入门·进阶·提高：超值全彩版

漫库文化 编著

责任编辑： 敖登格日乐

封面设计： 付 巍

出版发行： 二十一世纪出版社
（江西省南昌市子安路 75 号 330009 ）
www.21cccc.com cc21@163.net

出 版 人： 张秋林

印　　刷： 北京美图印务有限公司

版　　次： 2016 年 9 月北京第 1 版

开　　本： 787 x 1092　1/16

印　　张： 17.5

字　　数： 500 千

书　　号： ISBN 978-7-5568-1938-6

定　　价： 49.00 元

赣版权登字—04—2016—451

本书如有印装质量等问题，请与本社联系　电话：（010）85860941

读者来信：mk_hanling@163.com

Preface
前言

提起Excel，相信大家并不陌生，它就是我们常说的电子表格，也是Microsoft Office套装软件的一个重要组成部分。利用它除了可以进行各种数据的运算处理外，还可以将其应用于财务统计、工程分析、证券管理、贷款管理、决策管理、市场营销等众多领域。正因为Excel具有如此广泛的应用，所以才使得它成为了众人追捧的对象。为了让读者能在短时间内掌握该办公软件的使用方法与技巧，我们组织一线教师精心编写了本书，旨在用最高效的方法帮助读者解决在制作电子表格中遇到的种种疑问。

本书以"热点案例"为写作单位，以"知识应用"为讲解目的，遵循"从简单到复杂、从基础到综合"的思路，循序渐进地对Excel 2010的使用方法、操作技巧、实际应用等方面进行了全面阐述。书中所列举案例均属于日常办公中的应用热点，案例的讲解均通过一步一图、图文并茂的形式展开，这些热点很具有代表性，通过学习这些内容，可以将掌握的知识快速应用到相类似的工作中，从而做到举一反三、学以致用。

全书共9章，其中各部分内容介绍如下：

章节	章 节 名	知 识 点
01	Excel 2010快速入门	Excel的功能应用、Excel 2010的工作界面、"选项"对话框、工作簿的管理、工作表的基本操作等
02	制作小吃店入库清单	新工作簿的创建、行和列的基本操作、各种类型数据的输入、数据的填充、数据的查找与替换等
03	制作企业员工信息表	单元格的选择、插入、删除、合并等，单元格格式的设置，单元格样式的应用，以及表格样式的套用等
04	制作家电月销售报表	公式的输入与编辑、公式的引用类型、数组公式的应用，以及函数的类型、函数的输入、函数的修改、常用函数的使用方法
05	制作学生会考成绩表	数据的基本排序、特殊排序、随机排序，数据的自动筛选、自定义筛选和高级筛选，分类汇总与合并计算的方法

章节	章 节 名	知 识 点
06	制作员工薪酬表	数据透视表的创建、编辑、删除、字段设置等，切片器的应用，数据透视图创建、移动、美化等
07	制作网上购物流程图	剪贴画的应用、图片的插入、图形的绘制、SmartArt图形的创建、文本框的应用等
08	制作手机销售分析图表	图表的创建、编辑、布局、美化、图表分析，以及迷你图的插入、类型更改、美化设置等
09	制作并打印考勤表	报表的页面设置、打印元素的添加、常用打印技巧、Office常用组件之间的导入/导出操作
附录	Excel常用函数汇总、Excel疑难解答之36问	

本书结构合理，内容详尽，语言通俗易懂，既适用于教学，又便于自学阅读。本书不仅可作为大中专院校电脑办公应用基础的教材，还可作为Excel课程培训班的培训用书，同时也是职场办公人员不可多得的学习用书。

在编写过程中力求严谨细致，但由于时间与精力有限，疏漏之处在所难免，望广大读者批评指正。

编者

Contents
目录

Chapter 02

制作小吃店入库清单

Chapter 03
制作企业员工信息表

Chapter 04
制作家电月销售报表

Chapter 05

制作学生会考成绩表

Chapter 06
制作员工薪酬表

Chapter 07
制作网上购物流程图

Chapter 08
制作手机销售分析图表

Chapter 09
制作并打印考勤表

Appendix
附录

Chapter
01

Excel 2010
快速入门

本章概述

Excel 2010是Office 2010办公组件中的一款非常常用的电子表格处理软件，用于数据的处理与分析，是处理办公事务的重要工具。本章将对Excel 2010的应用领域、新增功能、软件的操作界面以及工作表的管理与操作等进行详细介绍，使读者可以快速了解并使用该软件。

本章要点

Excel的应用

Excel 2010的启动与退出

Excel 2010的操作界面

Excel表格的三大元素

应用密码保护工作簿

Excel 2010的窗口操作

Excel工作表的基本操作

1.1 初识Excel 2010

Microsoft Excel 2010相较于之前的版本，软件界面显得更加简洁，并且提供了强大的新功能和工具，全新的数据分析和数据可视化工具，可以帮助我们更加便捷地进行数据处理与分析，从而简化工作，提高效率。

1.1.1 用Excel能做什么？

Excel强大的数据记录、计算与分析功能，在各行各业都得到了广泛的应用。下面介绍应用Excel一般所包含的几个方面，具体如下。

❶ 表格制作

Excel的表格制作功能，可以满足我们日常办公和生活中所有表格制作的要求，将各种数据以表格的形式记录下来。

费用统计表：

我们也可以下载Excel内置的模板，创建更加美观专业的报表。

采购分类账模板：

❷ 数据管理

应用Excel的数据管理功能，可以对创建的表格数据进行进一步的管理，包括数据的查找替换、数据排序、数据筛选、数据分类汇总和合并计算等。

对各部门的费用明细进行筛选：

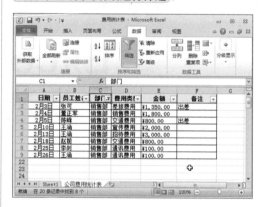

对各部门的费用进行分类汇总：

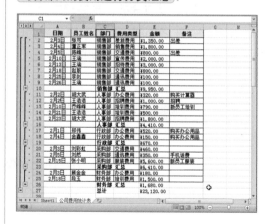

❸ 数据分析

数据透视表是Excel最常用、功能最全的数据分析工具之一，使用数据透视表可以很方便地汇总、分析、浏览和管理数据。

应用数据透视表分析数据：

④ 数据计算

　　Excel内置了大量的函数，不论多么复杂的计算，应用函数都能轻松地瞬间得出准确的结果。

内置的函数：

⑤ 数据展示

　　Excel的图表功能可以让那些复杂抽象的数据变得更直观，更易于理解。

应用图表展示体重和体脂百分百变化：

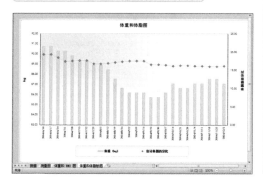

⑥ 数据输出

　　表格编辑完成后，为了更方便传阅和展示，我们可以将其打印输出。

打印公司费用统计表：

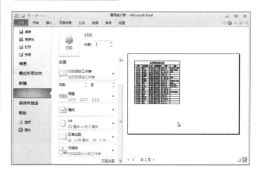

1.1.2　启动Excel 2010

　　要使用Excel进行数据处理，首先要启动程序；数据编辑完成，工作结束后，我们还要退出Excel程序。下面详细介绍Excel启动与退出的操作方法。

　　常用的启动Excel的方法主要有两种，具体介绍如下。

① 从"开始"菜单中启动

　　单击桌面左下角的"开始"按钮，在打开的列表中选择"所有程序>Mircosoft Office>Mircosoft Excel 2010"选项，即可启动Excel 2010。

② 应用桌面快捷图标启动

步骤01 单击桌面左下角的"开始"按钮，在打开的列表中选择"所有程序>Mircosoft Office"选项。

步骤02 在打开的列表中选择Mircosoft Excel 2010并右击，执行"发送到>桌面快捷方式"命令。

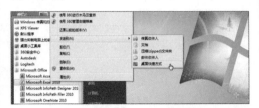

步骤03 双击桌面上创建的 Excel 2010快捷方式图标，即可启动Excel 2010。

　　退出Excel 2010程序的方法很简单，单击Excel窗口右上角的"关闭"按钮，即可退出Excel 2010程序。

1.1.3 Excel 2010工作界面

　　在使用Excel进行数据处理前，先来认识Excel 2010的操作界面，Excel的操作界面是由快速访问工具栏、标题栏、功能区、编辑栏、工作区和状态栏构成的，熟悉各个界面区域的作用，以便我们更加熟练地操作Excel。

❶标题栏

　　标题栏位于Excel操作界面的最上面，包括快速访问工具栏、工作簿名称和窗口控制按钮等。

（1）快速访问工具栏

　　快速访问工具位于窗口左上方，标题栏左侧，默认的快速访问工具栏包括"保存"、"撤销"和"恢复"等命令按钮。单击自定义快速访问工具栏下三角按钮，在下拉列表中选择添加或删除快速访问工具栏中的功能按钮。

（2）标题栏

　　标题栏位于窗口最上方居中的位置，启动Excel时，默认的工作簿名称为"工作簿1"、"工作簿2"、"工作簿3"……

　　标题栏右侧为"最小化"、"最大化"和"关闭"3个窗口控制按钮。

❷功能区

　　功能区是Excel 2010操作界面的重要元素，由多个选项卡构成，下面对功能区中各选项卡及其功能进行简单介绍。

（1）"文件"标签

　　在Excel 2010中，"文件"标签替代了Excel 2007中的Office按钮，单击"文件"标签，便可执行新建、保存、打印、共享等操作。若选择"选项"选项，将打开"Excel选项"对话框，对Excel进行自定义设置。

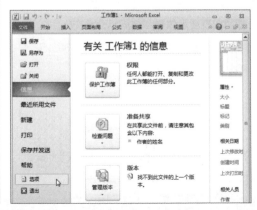

(2)"开始"选项卡

"开始"选项卡下包含表格格式设置的常用命令,用于对表格的字体、对齐方式、单元格格式、条件格式以及单元格样式等进行设置,是比较常用的选项卡。

(3)"插入"选项卡

"插入"选项卡下包含了可以插入到工作表中的各种对象,如表格、插图、应用程序、图表、链接、文本和符号等。

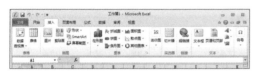

(4)"页面布局"选项卡

"页面布局"选项卡下包含了对表格的主题、页面、工作表的显示大小以及排列方式等进行设置的选项。

(5)"公式"选项卡

"公式"选项卡下包含了函数的插入、函数库、名称的定义、公式的审核和计算等选项。

(6)"数据"选项卡

"数据"选项卡下包含了数据处理相关的选项,包括获取外部数据、数据的连接、数据的排序和筛选、数据工具及数据的分级显示等。

(7)"审阅"选项卡

"审阅"选项卡下包含了文本的校对、语言的翻译、中文繁简转换、批准的管理、工作表及工作簿的权限管理等功能的相关选项。

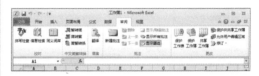

(8)"视图"选项卡

"视图"选项卡下包含了关于工作簿的视图方式、工作表的显示内容和显示比例、窗口的排列方式等,更改工作簿外观的选项。

(9)"开发工具"选项卡

"开发工具"选项卡下包含了使用VBA进行程序开发时所需的功能命令,包括代码的创建、宏管理、插入控件等。

办公助手　显示或隐藏功能区

我们可以通过单击工作界面右上角的"功能区最小化"/"展开功能区"按钮,快速显示或隐藏功能区,快捷键为Ctrl+F1。

需要注意，"开发工具"选项卡默认情况下是不显示在功能区中的，可根据需要将其添加到功能区中，具体操作方法如下：

步骤01 单击"文件"标签，选择"选项"选项。

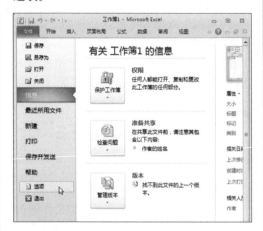

步骤02 在弹出的"Excel选项"对话框中，切换至"自定义功能区"选项面板，然后在面板中的"自定义功能区"下拉列表中选择"主选项卡"选项，在下面的列表框中勾选"开发工具"复选框，然后单击"确定"按钮即可。

❸ 编辑栏

编辑栏位于功能区与工作区之间，包括名称框和编辑栏两部分。

（1）名称框

名称框主要用于实现快速定位到需要的单元格区域以及简化公式写法。当某个单元格被激活时，其单元格名称随即出现在名称框中，如A1。

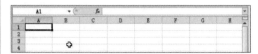

我们可以使用名称框来快速定位所需单元格区域，具体操作方法如下：

步骤01 选中要快速定位的B3:B9单元格区域，然后在名称框中输入该单元格区域的名称，如"一月份"，然后按下Enter键。

步骤02 若要快速选取一月份数据区域，则在名称框中输入"一月份"并按下Enter键，即可快速选中该区域。

（2）编辑栏

编辑栏中显示了存储与活动单元格中的值或公式，我们可以在其中输入或编辑单元格和图表中的公式或值。在编辑栏中输入公式的操作方法如下：

步骤01 首先选中需要输入公式的G3单元格，单击编辑栏并输入总销售额的计算公式"=SUM(B3:F3)"，然后单击"输入"按钮（或按下Enter键）。

步骤02 再次选中G3单元格，即可在编辑栏中查看相应的计算公式。

④ 工作区

工作区是由单元格组成的，用于输入和编辑数据。工作区位于工作界面的中间，是在Excel中进行数据处理的最主要区域。

⑤ 状态栏

状态栏位于Excel工作界面的最底部，用于显示当前工作表的数据的编辑状态、选定数据的统计、视图方式以及窗口的显示比例等。

（1）显示项目

在状态栏上单击鼠标右键，在弹出的菜单列表中根据需要单击某一未勾选选项，即可在状态栏中显示该项目；若单击某一已勾选选项，则可在状态栏中取消该项目的显示。

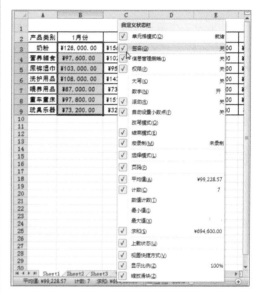

（2）视图方式切换

状态栏的右下角显示了工作表视图方式的切换按钮，包括"普通"、"页面布局"和"分页预览"3种，单击相应的按钮，即可进行相应视图方式的切换。

（3）显示比例设置

单击状态栏最右侧的"放大"或"缩小"按钮，对显示比例进行设置，也可单击"缩放级别"按钮，在打开的"显示比例"对话框中对工作表的显示比例进行设置。

1.2 Excel的三大元素

在应用Excel进行数据处理之前，我们先来认识Excel的三大组成要素，即工作簿、工作表和单元格，了解了这三大元素之间的关系后，才能更轻松地制作出所需的报表。

1.2.1 工作簿

Excel工作簿就是用于存储和处理数据的电子表格文件，当启动Excel 2010后，Excel会自动创建一个名称为"工作簿1-Microsoft Excel"的空白工作簿。

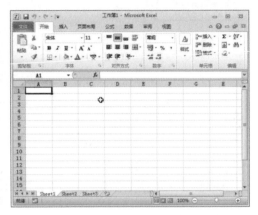

1.2.2 工作表

启动Excel 2010后，在新建的工作簿表格编辑区中会出现一个可编辑的表格，即工作表。工作表存储在工作簿中，是由排列成行和列的单元格组成的。

在Excel 2010中，默认情况下新建的工作簿中包含3个工作表，都是以工作表标签的形式显示在操作界面表格编辑区的底部，并分别命名为Sheet1、Sheet2和Steet3。

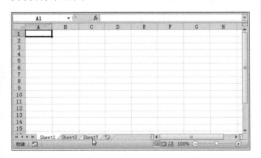

1.2.3 单元格

Excel工作表是由许多纵横相交的线条所分割的小方块组成，这些小方块就是单元格。

Excel单元格是工作表最小的组成部分，每个单元格都有不同的名称，分别以单元格所在的行和列进行命名。例如B2单元格，即表示该单元格在工作表的B列（第二列）和第二行。

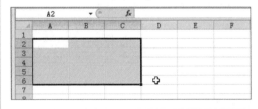

在工作表中，表示单元格区域时不需要将所有的单元格名称都列出来，只需要将该区域左上角的单元格名称和右下角的单元格名称列出来，中间用英文的冒号分割，如A2:C6单元格区域表示从左上角A2单元格开始向右向下至C6单元格之间的区域。

办公助手 **工作簿、工作表和单元格关系**

在Excel中，工作簿、工作表和单元格之间有着密不可分的关系。其中工作簿是工作表和单元格操作的平台，只有创建了工作簿，才能对工作表及单元格进行操作；工作表是工作簿中进行数据输入与分析的重要场所；单元格则是工作表的基本组成元素，只要有工作表存在，单元格就一定存在。

1.3 认识"Excel选项"对话框

在Excel 2010中，若想对Excel进行进一步的个性化设置，可以单击"文件"标签，选择"选项"选项，将打开"Excel选项"对话框，在相应的选项面板中进行设置。

1.3.1 常规

在"常规"选项面板中，我们可以对Excel的软件界面显示方式、创建工作簿时的默认设置以及用户名进行设置。

- 单击"配色方案"下三角按钮，在下拉列表中选择Excel的界面颜色，有蓝色、银色和黑色3种颜色；
- 在"新建工作簿时"选项区域中，我们可以设置工作表的默认字体、字号、视图方式和包含的工作表个数；
- 在"用户名"文本框中，我们可以根据需要自定义用户名。

1.3.2 公式

在"公式"选项面板中，我们可以对公式的更改与计算、公式的使用以及公式的错误检查规则进行设置。

我们可以在该选项面板中设置公式的错误检查选项，具体操作如下：

步骤01 在"错误检查"选项区域中勾选"允许后台错误检查"复选框。

步骤02 在"错误检查规则"选项区域中，将光标指向错误检查规则复选框后面的帮助图标，查看规则说明。

步骤03 勾选需要应用错误检查规则复选框就可以了。

1.3.3 校对

在"校对"选项面板中，我们可以根据需要设置Excel 2010的更正与设置文本格式的方式。

1.3.4 保存

在"保存"选项面板中，我们可以根据需要设置工作簿的保存位置、自动恢复文件的保存路径以及自动保存间隔等。

- 勾选"保存自动恢复信息时间间隔"复选框，在后面数值框中设置自动保存时间；
- 在"自动恢复文件位置"文本框中输入自动恢复文件路径；
- 在"默认文件位置"文本框中输入文件的默认保存位置。

1.3.5 语言

在"语言"选项面板中，我们可以根据需要设置Excel的编辑语言、用户界面和帮助语言以及屏幕提示语言。

1.3.6 高级

在"高级"选项面板中，可对Excel的一些高级选项进行设置，包括Excel的编辑、插入图片的大小和质量、工作表和工作簿的显示选项以及其他常规选项进行设置。

- 勾选"按Enter键后移动所选内容"复选框，在"方向"下拉列表中选择输入数据时，按下Enter键光标的移动方向；
- 勾选"自动插入小数点"复选框，在"位数"数值框中设置输入数据时，自动插入小数点的位数；
- 勾选"为单元格值启用记忆式键入"复选框，在我们输入了信息后，下次再输入相同信息时，Excel会自动弹出之前的信息；
- 在"显示"选项组中的"显示此数目的'最近使用的文档'"数值框中，设置显示最近使用工作簿个数；
- 在"此工作表的显示选项"选项组中，勾选"显示网格线"复选框，单击"网格线颜色"下三角按钮，设置网格线的颜色；
- 在"此工作簿的显示选项"选项组中，勾选或取消勾选相应的复选框，设置是否显示水平滚动条、垂直滚动条。

1.3.7 自定义功能区

在"自定义功能区"选项面板中，我们可以对Excel的功能区的选项卡和相关命令进行自定义操作。

- 单击"从下列位置选择命令"下三角按钮，选择"所有命令"或选择某一功能区命令，选择命令后，单击"添加"按钮，将所选命令添加到功能区；
- 单击"自定义功能区"下三角按钮，选择"主选项卡"选项，在"主选项卡"列表中勾选或取消勾选相应选项卡复选框，即可在功能区中显示或取消显示该选项卡；
- 单击"新建选项卡"按钮，可以为功能区新建一个选项卡；
- 单击"新建组"按钮，可以在所选选卡下方创建一个新的选项组；
- 单击"重命名"按钮，可以为选项卡或选项组重命名。

1.3.8 快速访问工具栏

在"快速访问工具栏"选项面板中，我们可以对Excel的快速访问工具栏进行自定义操作，将最常用的Excel命令按钮添加到快速访问工具栏，方便我们使用。

下面介绍将常用命令添加到快速访问工具栏的操作方法，具体步骤如下：

步骤 01 在"从下列位置选择命令"下拉列表中选择"常用命令"选项。

步骤 02 在列表中选择需要添加到快速访问工具栏的命令，单击"添加"按钮，即可将该命令添加到右侧的"自定义快速访问工具栏"列表中。

步骤 03 若要删除快速访问工具栏中不需要的命令按钮，可以在右侧的"自定义快速访问工具栏"列表中选中该命令，单击"删除"按钮。

1.3.9 加载项

在"加载项"选项面板中，可对Excel的加载项进行查看和管理，已安装的加载项，Excel将按类别显示在相应的列表中。

- "活动应用程序加载项"列表中，列出了已经注册并运行的加载项；
- "非活动应用程序加载项"列表中，列出了已经安装但未载入的加载项；
- "文档相关加载项"列表中，列出了当前文档中打开的模板文件；
- "禁用的应用程序加载项"列表中，列出了导致Office组件冲突自定禁用的加载项。

1.3.10 信任中心

"信任中心"选项面板是一个可设置安全选项的地方，在该面板中可查看Microsoft与工作簿隐私、安全相关的技术信息。

在"信任中心"选项面板中，我们设置Excel的安全和隐私，包括受信任的发布者、受信任位置、受信任的文档、加载项、ActiveX设置、宏设置、受保护视图设置、消息栏、外部内容、文件阻止设置，以及个人信息选项设置等。信任中心还提供了Microsoft Office隐私声明、客户体验改善计划和Microsoft可信任计算链接等。

- 单击"显示Microsoft Excel隐私声明"链接，在打开的网页中将显示Microsoft Office详细的隐私声明；

- 单击"Office.com隐私声明"链接，将打开Microsoft Office网站详细的隐私声明；
- 单击"客户体验改善计划"链接，将打开微软客户体验改善计划（CEIP）网站；
- 单击"Microsoft可信任计算"链接，将打开微软网站，显示详细安全与可靠操作；
- 单击"信任中心设置"按钮，将打开"信任中心"对话框，在该对话框中我们可以进行相关的安全设置。

办公助手　设置文档的相关安全选项

信任中心安全系统可以设置文件相关的安全选项，以检测工作表中潜在的不安全内容。在"受信任的文档"选项面板中，可以设置在打开受信任文档时，不显示任何宏、ActiveX控件与其他激活内容的安全提示。

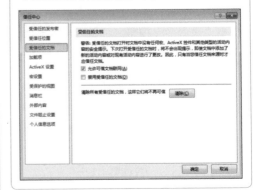

1.4 管理工作簿

在前面我们已经介绍了Excel 2010的启动方法，下面将介绍对工作簿进行管理的相关知识，包括工作簿的保存、工作簿的密码保护、工作簿窗口的排列和查看方式等。

1.4.1 工作簿的保存

打开工作簿并在工作表中进行数据编辑后，为了防止数据丢失，应及时进行保存操作，下面为大家介绍工作簿的保存与另存为的操作方法。

❶ 保存新工作簿

当第一次保存新建工作簿时，需要我们设置文件的保存路径、文件名称和文件类型等，具体操作方法如下：

步骤 01 打开工作簿并进行编辑后，单击快速访问工具栏中的"保存"按钮。

步骤 02 在打开的"另存为"对话框中，选择文件的保存位置后，在"文件名"文本框中输入工作簿名称，然后单击"保存"按钮。

步骤 03 这时可以看到，原来的"工作簿1"文件名称已经变为"入库单"。

步骤 04 打开之前设置的文件路径的文件夹，可以看到保存的"入库单"工作簿。

办公助手 **快速打开"另存为"对话框**

当新建工作簿时，按下快捷键Ctrl+S，可直接打开"另存为"对话框。

❷ 另存为工作簿

当我们打开已有工作簿并进行编辑后，可以将编辑过的工作簿的保存路径进行更改，将文件作为副本进行保存，而不会影响原来的工作簿。另存为工作簿的具体操作方法如下：

步骤01 打开之前保存的"入库单"工作簿，单击"文件"标签，选择"另存为"选项。

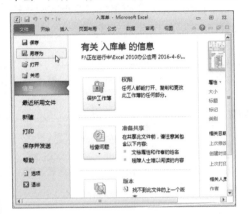

步骤02 在打开的"另存为"对话框中，重新选择文件保存路径并设置新工作簿名称，单击"保存"按钮。

办公助手 **直接保存工作簿**

打开已有工作簿并进行编辑后，单击快速访问工具栏中的"保存"按钮，或按下Ctrl+S快捷键，将直接保存工作簿。

1.4.2 工作簿的密码保护

为工作簿设置密码保护，可以非常有效地保护工作簿的安全，确保工作簿不会被没有权限的人员查看或更改。Excel提供了多种保护工作簿方式，我们可根据工作簿的重要程度，选择最合适的方法来保护工作簿。

❶ 为工作簿添加禁止打开密码

如果工作簿中涉及到保密内容，我们可以为工作簿添加密码，使该工作簿只有知道密码的人才能打开，从而保护了文档免受未授权用户的破坏。

步骤01 打开需要禁止别人打开的Excel 工作簿，单击"文件"标签，选择"信息"命令，打开"信息"面板，单击"保护工作簿"下三角按钮，选择"用密码进行加密"选项。

步骤02 在打开的"加密文档"对话框的"密码"文本框中输入密码：123456，单击"确定"按钮。

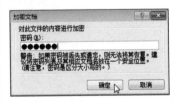

步骤03 在弹出的"确认密码"对话框中，再次输入相同密码，然后单击"确定"按钮。

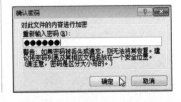

步骤 04 返回工作表中，保存工作簿后关闭工作表。再次打开工作簿时，将弹出"密码"对话框。这时需要输入刚刚设置的密码才能进入工作表。

步骤 05 在"密码"文本框中输入打开密码后，单击"确定"按钮即可进入工作簿，查看内容。

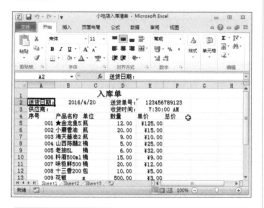

办公助手　撤销工作簿的密码保护

如果要撤销密码保护，则单击"文件"标签，选择"信息"命令，切换至"信息"选项面板中。单击"保护工作簿"下三角按钮，选择"用密码进行加密"选项。打开"加密文档"对话框，将"密码"文本框中的密码清除，单击"确定"按钮。这样下次再打开工作簿就不会要求输入密码了。

② 设置密码避免工作表被修改

　　在需要传阅工作表中的内容时，若不希

望工作表中的内容被更改，可以设置密码，使工作表只能浏览，不能修改。

步骤 01 打开工作簿后切换至"审阅"选项卡，单击"更改"组中的"保护工作表"按钮。

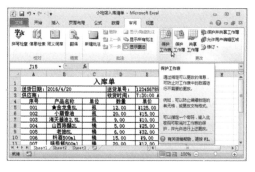

步骤 02 打开"保护工作表"对话框，在"取消工作表保护时使用的密码"文本框中输入密码，勾选"允许此工作表的所有用户进行"列表框中相应的复选框。

步骤 03 单击"确定"按钮，弹出"确认密码"对话框。在"重新输入密码"文本框中输入相同的密码并单击"确定"按钮。

步骤 04 之后在工作表中进行修改时，Excel会弹出警告对话框。提示要修改的内容已受到保护。单击"确定"按钮。

❸ 只允许其他用户编辑指定区域

我们可以在设置工作表保护的同时，指定可编辑区域。这样既可以保护工作表不被修改，又可以让需阅读者将与自己相关信息输入到指定区域内。

步骤01 打开需要设置可编辑区域的Excel工作簿，切换至"审阅"选项卡，单击"更改"组中"允许用户编辑区域"按钮。

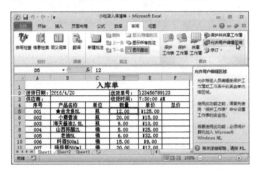

步骤02 在打开的"允许用户编辑区域"对话框中，单击"新建"按钮，打开"新区域"对话框，单击"引用单元格"折叠按钮，在工作表中选择可编辑的区域，"区域密码"文本框可以不设置，单击"确定"按钮。

步骤03 在"允许用户编辑"对话框中再次单击"确定"按钮，返回工作表。单击"视图"选项卡下的"保护工作表"按钮。

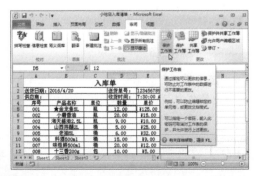

步骤04 弹出"保护工作表"对话框，在"取消工作表保护时使用的密码"文本框中输入密码后，单击"确定"按钮。

步骤05 弹出"确认密码"对话框，在"重新输入密码"文本框中输入相同的密码后，单击"确定"按钮。

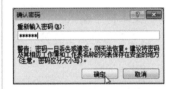

步骤06 返回工作表后，在可编辑单元格区域外进行修改时，Excel会弹出提示不允许修改对话框，单击"确定"按钮。

步骤07 若需要对可编辑区域进行编辑，选中单元格直接更改即可，Excel不会弹出阻止对话框。

❹ 禁止更改工作表数据但允许更改单元格格式

设置禁止更改工作表数据但允许更改单元格格式，这样在与其他人分享工作表时，按照每个人的习惯不同可以自行更改表格格式，但不能更改数据。

步骤01 打开要设置密码保护的工作簿，切换至"审阅"选项卡，单击"保护工作表"按钮。

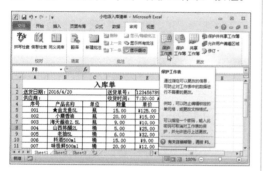

步骤02 在打开的"保护工作表"对话框中，在"取消工作表保护时使用的密码"文本框中输入密码，在"允许此工作表的所有用户进行"列表框中勾选"设置单元格格式"复选框。

步骤03 单击"确定"按钮后，弹出"确认密码"对话框。在"重新输入密码"文本框中再次输入相同的密码，单击"确定"按钮。

步骤04 返回工作表中，选中任意单元格进行修改时，Excel将弹出警告对话框，提示修改的内容已受到保护，单击"确定"按钮。

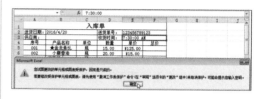

步骤05 这时选中行标题，切换至"开始"选项卡，在"字体"选项组中设置格式时，Excel不会弹出禁止修改的对话框。

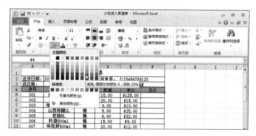

步骤06 切换至"审阅"选项卡，单击"更改"选项组中的"撤销工作表保护"按钮。

步骤07 这时将打开"撤销工作表保护"对话框，在"密码"文本框中输入之前设置的密码，单击"确定"按钮即可。

办公助手 保护工作表时允许用户的操作

在"保护工作表"对话框的"允许此工作表的所有用户进行"列表框中可以设置用户的操作，设置允许其他用户更改单元格格式、插入行列、插入超链接和删除行列等。

1.4.3 拆分工作簿窗口

拆分工作簿窗口功能一般应用于一些大型的工作表数据查看，该功能可以让我们非常方便地比较两个相隔较远的数据，拆分工作簿窗口的操作步骤如下。

步骤01 打开工作表后，选中非首行首列的任一单元格，切换至"视图"选项卡，在"窗口"选项组中单击"拆分"按钮。

步骤02 这时可以看到Excel工作表被拆分为上下左右4个部分，这4个部分可以随意滚动，查看数据。拆分条出现在选中单元格的上方及左边。

步骤03 若要取消工作簿窗口拆分，则再次单击"视图"选项卡下"窗口"选项组中的"拆分"按钮即可。

1.4.4 重排工作簿窗口

在Excel 2010中，如果需要查看所有打开的工作簿，可以使用"全部重排"功能进行查看，具体操作步骤如下。

步骤01 同时打开多个工作簿后，切换至"视图"选项卡，单击"窗口"选项组中的"全部重排"按钮。

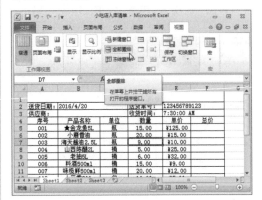

步骤02 在打开的"重排窗口"对话框中选择窗口的排列方式，这里选择"垂直并排"单选按钮，单击"确定"按钮。

步骤03 这时可以看到，之前打开的3个工作簿全部以垂直并排的方式显示在同一个窗口中了。

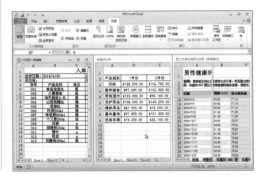

1.4.5 冻结窗格

在查看大型的工作簿时，应用Excel的冻结窗格功能，可以在工作表的其他部分滚动时，保持工作表的某一部分不变，方便我们查看数据。下面介绍冻结工作表第一行和第一列的操作方法，具体操作步骤如下。

步骤01 打开工作簿后，切换至"视图"选项卡，单击"窗口"选项组中的"拆分"按钮。

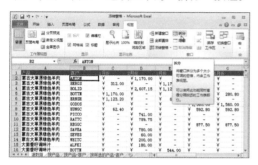

步骤02 可看到窗口根据需要拆分成4部分，然后单击"冻结窗格"下三角按钮，选择"冻结拆分窗格"选项。

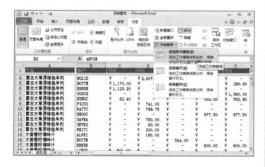

步骤03 这时之前拆分的第一部分单元格区域已经被冻结了，我们再进行数据查看时，第一行和第一列会一直显示。

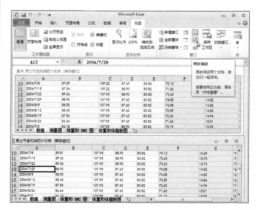

1.4.6 并排查看

当我们要比较查看两个工作簿时，使用Excel 2010的并排查看功能，可以非常方便地进行数据的比较查看，具体的操作步骤如下。

步骤01 打开需要并排查看的两个工作簿，切换至"视图"选项卡，单击"窗口"选项组中的"并排查看"按钮。

步骤02 此时"同步滚动"按钮将自动激活，可以看到打开的两个工作簿并排排列在窗口中，并且在滚动鼠标滚轮，或者拖动一个工作簿中滚动条时，两个工作簿将同步滚动。

1.5 工作表的基本操作

在Excel 2010中进行数据的处理与分析时，所有的操作都是在工作表中进行的，本节将介绍Excel工作表的基本操作，包括工作表的创建、删除、移动、复制、显示、重命名等。

1.5.1 插入与删除工作表

Excel 2010默认有3个工作表，我们可以根据需要插入或删除工作表，本小节将具体介绍插入或删除工作表的操作方法。

❶ 插入工作表

在工作中我们可以根据需要增加一个或多个工作表，常用的插入工作表的方法有以下几种。

（1）应用功能区中的命令插入工作表

步骤01 单击需要在其前面插入新工作表的工作表标签，单击"开始"选项卡下"单元格"组中的"插入"下三角按钮，选择"插入工作表"选项。

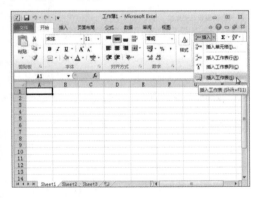

步骤02 此时可看到之前选定的工作表Sheet1前面新增了一个工作表Sheet4。

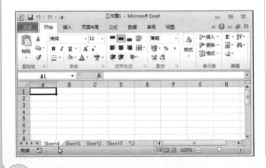

（2）应用快捷菜单插入工作表

步骤01 单击需要在其前面插入新工作表的工作表标签并右击，在弹出的快捷菜单中执行"插入"命令。

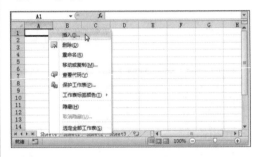

步骤02 在打开的"插入"对话框中选择"工作表"选项后，单击"确定"按钮。

步骤03 此时可看到之前选定的工作表Sheet4前面新增了一个工作表Sheet5。

办公助手　快速插入工作表

按下快捷键Shift+F11，即可插入新工作表；单击工作表标签右侧的"插入工作表"按钮，可快速插入新工作表。

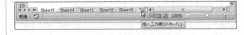

❷删除工作表

当工作簿中包含多个工作表时，我们可以将无用的工作表删除，下面介绍删除工作表的方法。

（1）应用功能区中的命令删除工作表

步骤 01 单击需要删除的工作表标签，切换至"开始"选项卡，单击"单元格"选项组中的"删除"下三角按钮，选择"删除工作表"选项。

步骤 02 这时可看到Sheet5工作表已被删除了。

（2）应用快捷菜单删除工作表

步骤 01 单击需要删除的工作表标签并右击，执行"删除"命令。

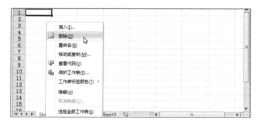

步骤 02 Sheet4工作表即可被删除。

1.5.2 移动与复制工作表

在应用Excel进行数据处理时，我们可以根据需要移动或复制工作表。操作时，可以将选定的工作表移动或复制到同一工作簿的不同位置，也可以移动或复制到其他工作簿的指定位置。

步骤 01 右击要移动或复制的工作表标签，在弹出的快捷菜单中执行"移动或复制"命令。

步骤 02 在弹出的"移动或复制工作表"对话框中，将"工作簿1"设为当前工作簿，在"下列选定工作表之前"列表框中选择工作表移动位置。

步骤 03 单击"确定"按钮返回工作簿中，此时可看到已经将Sheet1工作表移动至Sheet3工作表前面了。

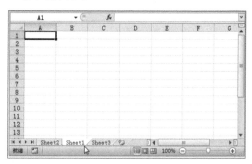

步骤04 我们还可将工作表移至其他工作簿，在步骤02弹出的"移动或复制工作表"对话框中，单击"工作簿"下三角按钮，选择要移动到的工作簿，设置移动到的位置。

步骤05 单击"确定"按钮即可移动工作表。若在"移动或复制工作表"对话框中勾选"建立副本"复选框，则单击"确定"按钮后，将复制工作表到设定位置。

步骤06 此时可以看到在Sheet1工作表前面复制了一个相同内容的工作表，默认名字为"Sheet1（2）"，根据需要更改工作表名称即可。

办公助手 **其他移动与复制工作表的方法**

方法1，在"开始"选项卡下的"单元格"选项组中，单击"格式"下三角按钮，选择"移动或复制工作表"选项，同样可以打开"移动或复制工作表"对话框，进行工作表的移动与复制操作。

方法2，拖动复制或移动工作表。单击要复制的工作表，按住Ctrl键的同时，用鼠标拖动工作表标签到另一指定位置，释放Ctrl键和鼠标，这样可完成同一工作簿中工作表的复制。若只需要移动工作表位置，则单击该工作表标签，并拖动到同一工作簿中的目标位置，释放鼠标即可。

1.5.3 隐藏与显示工作表

在工作表中进行数据处理操作后，在某些场合可能不希望别人看到工作表中的一些数据，可采取隐藏工作表的方法避免其他人看到数据。下面介绍如何隐藏与显示工作表。

步骤01 打开需要隐藏工作表的Excel文件，右击需要隐藏的工作表标签，在弹出的快捷菜单中执行"隐藏"命令。

步骤02 返回工作簿中，可看到原来的Sheet1工作表已被隐藏了，无法看到其中的数据。

步骤03 若需要再次查看隐藏的工作表，则右击任一工作表标签，在弹出的快捷菜单中执行"取消隐藏"命令。

步骤04 弹出"取消隐藏"对话框，选择需要显示的工作表后，单击"确定"按钮。

步骤05 返回工作簿，可以看到隐藏的Sheet1工作表重新出现在工作簿中。

	销售统计表			
产品类别	1月份	2月份	3月份	4月份
奶粉	¥128,000.00	¥156,700.00	¥98,400.00	¥143,500.00
营养辅食	¥97,600.00	¥102,300.00	¥155,200.00	¥72,400.00
尿裤湿巾	¥103,000.00	¥95,100.00	¥101,300.00	¥198,200.00
洗护用品	¥108,000.00	¥143,200.00	¥87,500.00	¥120,300.00
喂养用品	¥87,000.00	¥73,000.00	¥103,600.00	¥143,000.00
童车童床	¥97,800.00	¥151,300.00	¥178,700.00	¥192,500.00
玩具乐器	¥73,200.00	¥32,100.00	¥100,200.00	¥53,200.00

1.5.4　重命名工作表

　　在Excel中新建的工作表默认名称为

Sheet1、Sheet2等，我们可以对工作表进行重新命名操作，下面介绍操作方法。

（1）双击进行重命名

步骤01 双击要重命名的工作表标签。此时工作表标签的名称处于可编辑状态，输入要命名的名称。

	销售统计表			
产品类别	1月份	2月份	3月份	4月份
奶粉	¥128,000.00	¥156,700.00	¥98,400.00	¥143,500.00
营养辅食	¥97,600.00	¥102,300.00	¥155,200.00	¥72,400.00
尿裤湿巾	¥103,000.00	¥95,100.00	¥101,300.00	¥198,200.00
洗护用品	¥108,000.00	¥143,200.00	¥87,500.00	¥120,300.00
喂养用品	¥87,000.00	¥73,000.00	¥103,600.00	¥143,000.00
童车童床	¥97,800.00	¥151,300.00	¥178,700.00	¥192,500.00
玩具乐器	¥73,200.00	¥32,100.00	¥100,200.00	¥53,200.00

步骤02 按下Enter键，即可看到该工作表已被重命名。

	销售统计表			
产品类别	1月份	2月份	3月份	4月份
奶粉	¥128,000.00	¥156,700.00	¥98,400.00	¥143,500.00
营养辅食	¥97,600.00	¥102,300.00	¥155,200.00	¥72,400.00
尿裤湿巾	¥103,000.00	¥95,100.00	¥101,300.00	¥198,200.00
洗护用品	¥108,000.00	¥143,200.00	¥87,500.00	¥120,300.00
喂养用品	¥87,000.00	¥73,000.00	¥103,600.00	¥143,000.00
童车童床	¥97,800.00	¥151,300.00	¥178,700.00	¥192,500.00
玩具乐器	¥73,200.00	¥32,100.00	¥100,200.00	¥53,200.00

（2）应用快捷命令进行重命名

步骤01 选中要重命名的工作表标签并右击，执行"重命名"命令。

	销售统计表			
产品类		2月份	3月份	4月份
奶粉		56,700.00	¥98,400.00	¥143,500.00
营养辅食		¥155,200.00	¥72,400.00	
尿裤湿		95,100.00	¥101,300.00	¥198,200.00
洗护用		43,200.00	¥87,500.00	¥120,300.00
喂养用		¥103,600.00	¥143,000.00	
童车童		51,300.00	¥178,700.00	¥192,500.00
玩具乐		32,100.00	¥100,200.00	¥53,200.00

步骤02 此时工作表标签中的文字处于编辑状态，更改名称后按下Enter键即可。

	销售统计表			
产品类别	1月份	2月份	3月份	4月份
奶粉	¥128,000.00	¥156,700.00	¥98,400.00	¥143,500.00
营养辅食	¥97,600.00	¥102,300.00	¥155,200.00	¥72,400.00
尿裤湿巾	¥103,000.00	¥95,100.00	¥101,300.00	¥198,200.00
洗护用品	¥108,000.00	¥143,200.00	¥87,500.00	¥120,300.00

读书笔记

Chapter

02

制作小吃店
入库清单

本章概述

当我们打开Excel准备使用时，首先要做的事情是输入数据，看似很简单的事情，但其中包含很多技巧和规律。数据输入是非常现实的问题，只要使用Excel就必须面对它。数据包含很多不同的类型（如数值型、日期型、文本型等），针对不同类型的数据采用不同的输入方法。

本章要点

创建工作簿

插入、移动行和列

设置行高和列宽

输入文本、数值、日期等数据

自定义填充

高级查找和替换

模糊查找和替换

2.1 创建工作簿

Excel工作簿是用于保存并处理数据信息的电子表格文件。工作簿中包含多个工作表，默认情况下包含3个工作表，最多可达到255个工作表。本节主要介绍如何创建工作簿，如创建空白工作簿和基于模板创建工作簿。

2.1.1 创建空白工作簿

创建空白工作簿是常用的操作之一，方法很简单，下面将介绍几种创建空白工作簿的方法。

（1）方法一：启动Excel程序创建

步骤01 单击任务栏左侧的"开始"按钮，选择"所有程序"，在列表中选择Microsoft Excel 2010选项。

步骤02 将创建名为"工作簿1"的空白工作簿。单击桌面Excel软件的的快捷方式也可以创建空白工作簿。

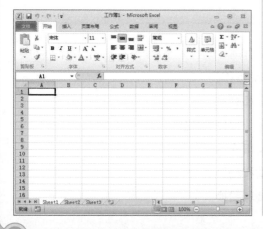

（2）方法二：右键快捷菜单创建

步骤01 在计算机桌面或是文件夹窗口中单击鼠标右键，在快捷菜单中执行"新建"命令，在弹出的级联菜单中执行"Microsoft Excel工作表"命令。

步骤02 在当前位置创建名为"新建Microsoft Excel工作表"的工作簿，双击即可打开空白的工作簿。

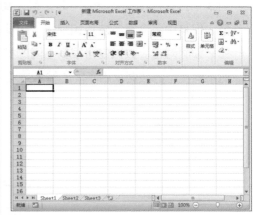

（3）方法三：根据Excel窗口创建

步骤01 在打开的Excel工作表中单击"文件"标签，选择"新建"选项，然后单击"空白工作簿"按钮，然后即可打开空白的工作簿。

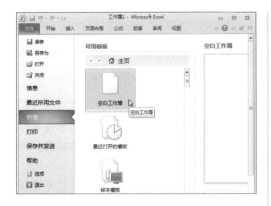

（4）方法四：利用组合键创建

在现有的Excel工作簿中按组合键Ctrl+N可快速新建名为"工作簿1"的空白工作簿。

2.1.2　基于模板创建工作簿

Excel 2010提供多丰富多样的模板，用户可以通过模板创建统一格式的工作簿。

步骤 01 在打开的Excel工作表中单击"文件"标签，选择"新建"选项，然后单击"样本模板"按钮。

办公助手　Office.com模板

在"新建"面板中，在"Office.com模板"区域，包含很多模板，这些模板是需要下载的，例如双击"业务"文件夹，选择"帐单"模板，然后单击"下载"按钮即可。

步骤 02 在"样本模板"面板中，用户选择合适的模板，此处选择"贷款分期付款"模板，然后单击"创建"按钮。

步骤 03 返回工作簿查看"贷款分期付款"的模板格式。

当在现有模板中找不到合适的工作簿模板时，用户还可以通过"Office.com模板"的搜索功能进行联机查找。如在文本框中输入"资产"然后单击"开始搜索"按钮。

Excel会自动搜索关于"资产"的所有工作簿模板，用户在搜索结果中选择合适模板后，单击"下载"按钮即可创建工作簿。

2.2 行和列的基本操作

行和列是工作表的重要组成元素。本节主要介绍行和列的选定、插入、删除、移动以及设置行高或列宽等。

2.2.1 选定行、列

在编辑工作表时我们也会经常选择某一行或是多行，或选择某一列或是多列。下面介绍几种选定行、列的方法。

❶ 选择单行或单列

选择单行或单列只需单击行号和列标即可，选中某行后，该行的行号和所有的列标以及除了该行的活动单元格外均被加深突出显示。若选择第3行，将光标移至该行号上并单击，即可选中该行。

如需选中F列，只需将光标移至F列的列标上，当光标变为向下的黑色箭头时单击鼠标左键即可选中该列。

❷ 选择连续的行或列

选择连续的行或列和选择连续单元格操作差不多，下面介绍两种方法。

（1）方法1：鼠标拖曳法

首先选中某行，然后按住鼠标左键不放

向下或向上拖动至合适的位置，释放鼠标即可选中连续的行。选中某列，然后按住鼠标左键不放向左或向右拖动至合适的位置，释放鼠标即可选中连续的列。

还可以使用Shift键和鼠标联合选择连续的行或列，选中第一行（列），按住Shift键不放，再选择最后一行（列）即可。

（2）方法2：使用"名称框"法

若选中连续的行，只需在"名称框"里输入"1:3"，按Enter键即可选中第1至3行。冒号必须是英文半角状态下的。

若选中连续列，只需在"名称框"里输入"B:E"，按Enter键即可选中B列至E列。

❸ 选择不连续的行

选择不连续的行（列）的操作方法也很简单，具体介绍如下：

首先选中某行（列），然后按Ctrl键不放，选中不同的行（列）即可。

2.2.2 插入行、列

如果需要在现有的表格的中间新加一些项目，可以为表格插入行、列。可以插入单行或单列，也可以同时插入多行或多列，下面将分别介绍。

❶ 插入单行或单列

插入单行或单列的操作方法很多，下面将详细介绍。

（1）方法1：快捷菜单插入法

首先选中需要插入行或列的标题，选择第6行，单击鼠标右键，在快捷菜单中执行"插入"命令即可。

插入行或列后，出现"插入选项"按钮，单击该按钮的下三角按钮，可以设置插入行或列的格式。

（2）方法2：对话框插入法

先选中需要插入行或列中的任意单元格，然后单击鼠标右键，在快捷菜单中执行"插入"命令，打开"插入"对话框。

在打开的对话框中，选择"整行"或"整列"单选按钮，单击"确定"按钮，即可完成整行或整列的插入。

（3）方法3：功能区插入法

先选中需要插入行或列中的标题，切换至"开始"选项卡，单击"单元格"选项组中的"插入"按钮即可。

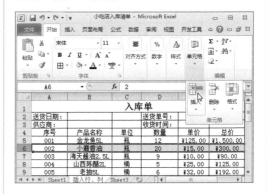

❷ 插入多行或多列

插入多行或多列的方法和上面介绍的插入单行或单列的方法类似，下面介绍插入多行或多列的方法。

步骤01 打开工作表，选中需插入行或列之下或右侧相邻的若干行或列，选中第6至9行。

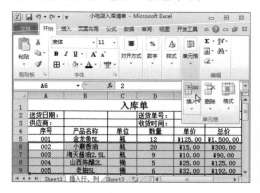

步骤02 切换至"开始"选项卡，单击"单元格"选项组中的"插入"按钮即可。

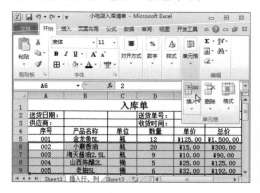

步骤03 返回工作表中，可见插入4行单元格。选定的行或列数决定插入的数量。

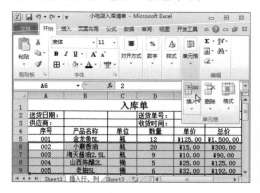

除此之外，还可选中任意一列中连续的单元格区域，然后单击"单元格"选项组中"插入"下三角按钮，在下拉列表中选择"插入工作表行"选项，即可插入多行。插入多列的操作方法与之相同，此处不再赘述。

其中插入的行数或列数取决于选中一列单元格或一行单元格的数量。

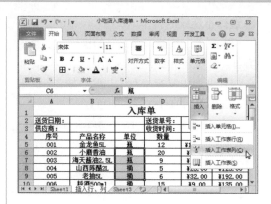

2.2.3 移动行、列

如果需要调整行或列的位置，可以移动行或列，下面以移动行为例介绍具体操作的方法。

步骤01 打开工作表，选中需要移动的行，选中第6行，切换至"开始"选项卡，单击"剪贴板"选项组中的"剪切"按钮，被选定的第6行显示虚线框。

步骤02 选中需要移动的目标位置行，切换至"开始"选项卡，单击"剪贴板"选项组中的"粘贴"按钮即可。

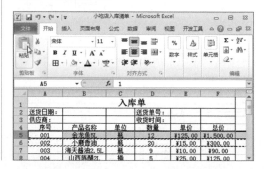

步骤 03 返回工作表中，可见第6行内容移至第5行，而且第6行的内容被清除，第5行被第6行的内容覆盖了。

除此之外，还可以通过鼠标拖动的方法完成移动。选中某行后，将光标移至选定行的边框上，当光标变为黑色十字箭头时，按住鼠标左键进行拖动，拖至目标位置释放鼠标，即可移动整行。

若目标行或列内有数据，使用鼠标拖动时，则弹出提示对话框，单击"确定"按钮即可完成移动。

如果在拖动的时候按住Shift键，拖动完成后释放鼠标和Shift键，则结果为选中的整行与目标行交换位置。

2.2.4 删除行、列

对于工作表中不需要的行或列中的内容，我们可以对其进行删除。

首先选中需要删除行或列，单击鼠标右键，在快捷菜单中执行"删除"命令，即可将该行删除，然后下面的行自动上移，Excel的行、列的总数保持不变。

如果选中某行或列内的单元格，单击鼠标右键，在快捷菜单中执行"删除"命令，会弹出"删除"对话框，选择"整行"或者"整列"单选按钮。

此处选择"整行"单选按钮，单击"确定"按钮，返回工作表中，可见序号002的数据被删除，而工作表行号并未发生变化。

2.2.5 设置行高和列宽

在编辑工作表时，默认的行高和列宽也许不能满足输入数据的需要，我们可以更改行高或列宽。下面分别介绍设置行高和列宽的方法。

❶ 设置行高

主要通过鼠标和"行高"对话框设置行高。下面分别介绍具体操作方法。

（1）方法1：鼠标设置行高

首先选中需要调整行高的行，可以是单行，也可以是多行。将光标移至选中行的任意一行的下边界，当光标变为上下两个箭头时，按住鼠标左键拖动即可设置行高。

还可通过鼠标双击的方法设置最合适的行高。选中需要设置行高的行，将光标定位在选中行的任意一行下边界，然后双击即可，选中的行根据内容自动设置合适的行高。

（2）方法2：精确设置

选中需要调整行高的行，可以是单行，也可以是多行。切换至"开始"选项卡，单击"单元格"选项组中"格式"下三角按钮，选择"行高"选项。

弹出"行高"对话框，在"行高"数值框中输入行高值，单击"确定"按钮。

可见已将选中的行调整为统一的行高。

通过右键快捷菜单也可以设置精确的行高。选中行，单击鼠标右键，在快捷菜单中执行"行高"命令，在打开的"行高"对话框中进行设置。

❷ 设置列宽

在单元格中输入的数据过多时，则会显示不全，或显示多个#，此时我们需要调整列宽来解决这个问题。下面介绍两种设置列宽的方法。

（1）方法1：鼠标设置列宽

首先选中需要调整列宽的列，可以是单列，也可以是多列。将光标移至选中列的任意一列的右边界，当光标变为左右两个箭头时，按住鼠标左键拖动设置列宽。

和设置行高一样，也可以通过双击的方法设置最合适的列宽。选中需要设置列宽的列，将光标定位在选中列的任意一列的右边界，然后双击即可，选中的列根据内容自动设置合适的列宽。

（2）方法2：精确设置

选中需要调整列宽的列，与设置行高一样，可以通功能区和快捷菜单打开"列宽"对话框。

弹出"列宽"对话框，在"列宽"数值框中输入列宽值，单击"确定"按钮即可设置宽度值为12的列宽。

❸ 自动调整行高和列宽

选择需调整行高（列宽）的行（列），可以是单行（列），也可以是多行（列），切换至"开始"选项卡，单击"单元格"选项组中"格式"下三角按钮，选择"自动调整行高"或"自动调整列宽"选项，即可将选中的行（列）调整为最合适的高度（宽度）。

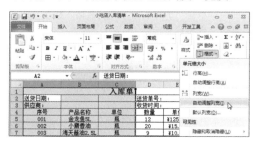

2.2.6　隐藏、显示行或列

用户可以将不需要别人看到的数据隐藏起来，如果自己查看，可将其显现出来。下面介绍隐藏或显示行列的方法。

步骤01 选中第6、7行，单击鼠标右键，在快捷菜单中执行"隐藏"命令。

步骤02 返回工作表中，可见行号为6和7的行不显示了。

步骤03 若需要显示6和7行，选中相邻的两行，即5和8行，单击鼠标右键，在快捷菜单中执行"取消隐藏"命令即可。

隐藏和显示列的方法与上述介绍的操作一致，在此将不再赘述。

2.3 数据的输入

单元格是Excel工作表中最小的存储单位，单元格内可以输入汉字、数字、字母等数据，也可以输入公式。在单元格内可以输入和保存的主要类型包括数值、日期、文本和公式，另外还有逻辑值、错误值等。

2.3.1 输入文本型数据

文本型数据一般包括汉字、英文字母等，阿拉伯数字也可以作为文本型数据，在输入之前需要简单设置单元格的格式。

步骤 01 打开"小吃店入库清单"，选中A4单元格，输入内容，此处输入"序号"。

步骤 02 继续输入表格内的其他内容，最终效果如下所示。

步骤 03 选中E2单元格，输入送货单号，当数字超过12位时，系统默认以科学计数法显示。

步骤 04 解决该问题的方法是将其转换为文本格式。选中该单元格，单击鼠标右键，在快捷菜单中执行"设置单元格格式"命令。

步骤 05 弹出"设置单元格格式"对话框，在"分类"区域选择"文本"选项，然后单击"确定"按钮。

办公助手　快速输入文本型数字

需要将数字以文本型式显示，可先输入"'"，即英文状态下的单引号，然后再输入数字，即可以文本型式显示。

2.3.2 输入数值型数据

Excel工作表最强大的功能就是数据处理，输入数据是最基本的操作。

步骤01 打开"小吃店入库清单"工作表，在D5:D11单元格区域中输入数字。

步骤02 选中D12单元格，输入"=SUM(D5:D11)"公式，计算出各商品数量的总和。

步骤03 然后将D5:D11单元格区域内的数字前输入"'"，即将数字转化为文本格式，可见D12单元格内计算结果为0，文本格式的数字不参与计算。

步骤04 若将其转换为数值型式，只需删除数字前面的"'"，删除操作比较费时费力。先选中D5:D11 单元格区域，然后单击左上角按钮，在下拉列表中选择"转换为数字"选项即可。

选中需要设置的单元格区域D5:D12，切换至"开始"选项卡，单击"数字"的对话框启动器，弹出"设置单元格格式"对话框，选中"数值"选项，设置"小数位数"为2，然后单击"确定"按钮即可。

查看D5:D12单元格区域内数值的变化，即数字后面添加2位小数。

2.3.3 输入日期和时间

在Excel 2010中，系统提供多种日期和时间格式，用户可根据个人爱好和需求选择。

步骤01 打开"小吃店入库清单"工作表，在D3单元格输入"收货时间："，然后选中B2单元格，输入"2016/4/20"当前日期。

步骤 02 选中B2单元格，切换至"开始"选项卡，单击"数字"选项组中"数字格式"下三角按钮，在下拉列表中选择"长日期"选项。

步骤 03 返回工作表中，可见B2单元格内的日期格式变为长日期格式。

步骤 04 选中B2单元格，切换至"开始"选项卡，单击"数字"对话框启动器按钮，打开"设置单元格格式"对话框。

步骤 05 在"数字"选项卡中，选择"日期"选项，在右侧"类型"区域中选择合适的日期格式，然后单击"确定"按钮。

步骤 06 返回工作表中查看设置日期格式后的效果。

办公助手 **快速输入当前日期**

选中需要设置的单元格B2，按下Ctrl+;组合键，即可输入当前日期。

步骤 07 选中E3单元格并输入时间7:30，切换至"开始"选项卡，单击"数字"选项组中"数字格式"下三角按钮，在下拉列表中选择"时间"选项。

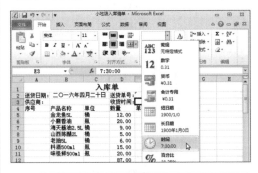

办公助手 **快速输入当前时间**

选中需要设置的单元格E3，按下Ctrl+Shift+;组合键，即可输入当前时间。

步骤08 返回工作表中，可见E3单元格内的时间格式的变化。

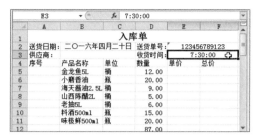

步骤09 选中E3单元格，单击"数字"对话框启动器按钮，打开"设置单元格格式"对话框，在"数字"选项卡中选择"时间"选项，在"类型"区域选择合适的时间格式，然后单击"确定"按钮。

步骤10 返回工作表中查看设置时间格式后的效果。

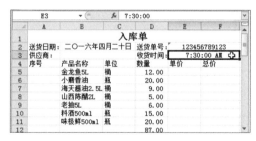

2.3.4 输入特殊字符

在Excel 2010中，系统提供丰富多样的特殊字符，我们从键盘上是无法直接输入的，下面介绍具体操作方法。

步骤01 选择需要插入特殊字符的位置，切换至"插入"选项卡，单击"符号"选项组中的"符号"按钮。

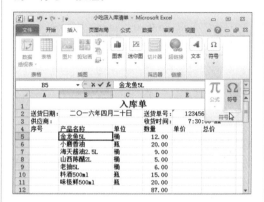

步骤02 打开"符号"对话框，通过拖动右侧的滑块选择合适的符号，然后单击"插入"按钮。

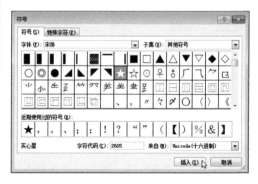

步骤03 单击"关闭"按钮，返回工作表查看插入特殊符号后的效果。

2.3.5 格式化数据

在日常工作中经常会需要对Excel的数据进行格式化操作，下面介绍格式化数据的操作方法。

步骤01 打开"小吃店入库清单"工作表，选中A5单元格并输入001，查看最终显示数字1。

步骤02 选中A5:A11单元格区域，单击鼠标右键，在快捷菜单中执行"设置单元格格式"命令。

步骤03 打开"设置单元格格式"对话框，选择"自定义"选项，在"类型"文本框中输入000，单击"确定"按钮。

步骤04 返回工作表中，设置格式后显示001，与输入的完全一样。

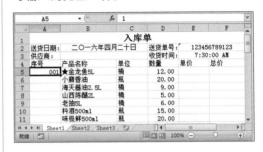

办公助手 **设置数据的位数**

在"类型"文本框中输入000，即设置位数是3位，在设置后的单元格中输入1、01、001，结果都显示001，若在"类型"文本框中输入"@"，单元格中输入几位数最终显示几位，如输入01、001、0001，只显示输入的内容。

步骤05 在E5:E11单元格区域输入单价，并选中该区域，打开"设置单元格格式"对话框，在"数字"选项卡中选择"货币"选项，设置"小数位数"为2，添加货币符号，选择"负数"的格式，然后单击"确定"按钮。

步骤06 返回工作表中，查看设置货币格式后的效果。

2.4 数据填充

当需要输入一些有规律的数据时，用户可以使用填充功能来完成，可以提高工作效率。本节主要介绍数字序列填充、日期序列填充和文本填充。

2.4.1 数字序列填充

数字序列填充是比较常见的，可以设置数字的等差填充，下面介绍具体操作。

步骤01 打开"小吃店入库清单"工作表，选中A5单元格并输入001。

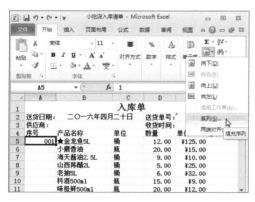

步骤02 切换至"开始"选项卡，单击"编辑"选项组中"填充"下三角按钮，在下拉列表中选择"系列"选项。

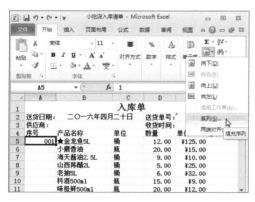

步骤03 打开"序列"对话框，选择"列"和"等差序列"单选按钮，在"终止值"文本框中输入7，单击"确定"按钮。

步骤04 经过上述操作，单元格A5向下填充7个单元格，等差的数值为1。

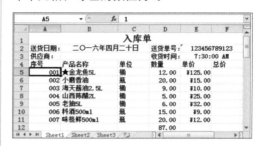

除了通过"序列"对话框设置数字序列填充外，还可以使用鼠标拖曳的方法。

步骤01 选中A5单元格并输入001，将光标移至A5单元格右下角，当光标变为十字时按住鼠标左键向下拖至合适位置，至A11单元格，释放鼠标。

步骤02 单击"自动填充选项"下三角按钮，在下拉列表中选择"填充序列"选项即可。

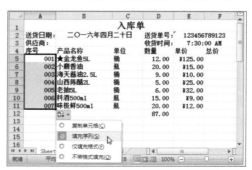

以上介绍的是数字序列的纵向填充。横向填充和纵向填充类似，下面介绍横向填充的方法。

步骤 01 打开工作表，选中A1单元格并输入1，单击"编辑"选项组中"填充"下三角按钮，在下拉列表中选择"系列"选项。

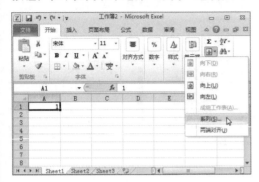

步骤 02 打开"序列"对话框，选择"行"和"等差序列"单选按钮，在"终止值"文本框中输入6，单击"确定"按钮。

步骤 03 经过上述操作，按行进行填充，等差序列值为1，最终结果如下图所示。

使用填充柄操作的方法和按列一样，唯一不同的是按住鼠标向左或向右拖动至合适位置，然后单击"自动填充选项"下三角按钮，在下拉列表中选择"填充序列"选项即可。

在默认的情况下，等差的步长值为1，用户可根据需要在"序列"对话框中进行设

置，也可按照以下操作进行数据序列填充。

步骤 01 打开工作表，分别在A1和A2单元格中输入1和3，类似设置步长值为2。

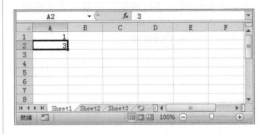

步骤 02 选中A1:A2单元格区域，将光标移至右下角，当光标变为十字形时按住鼠标左键向下拖动至A7单元格。

步骤 03 经过上述操作，进行数据填充，等差序列值为2，最终结果如下图所示。

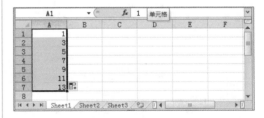

横向填充的方法是一样的，在A1和B1单元格内输入1和3，选中A1:B1单元格区域，使用填充柄向右拖至F1单元格，释放鼠标，最终结果如下图所示。

2.4.2 日期序列填充

日期序列填充和数字填充的操作方法类似，日期填充可以按日、月和年等进行填充。下面介绍具体操作。

步骤01 打开空白工作表，选中A1单元格并输入2016/4/21日期，保持该单元格被选中状态。

步骤02 切换至"开始"选项卡，单击"编辑"选项组中"填充"下三角按钮，在下拉列表中选择"系列"选项。

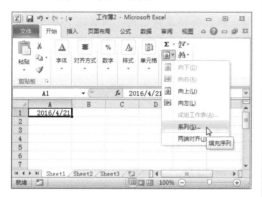

步骤03 打开"序列"对话框，选择"列"和"日期"单选按钮，在"终止值"文本框中输入2016/5/3，单击"确定"按钮。

步骤04 经过上述操作，单元格A1向下填充至2016/5/3，按1日为步长值。

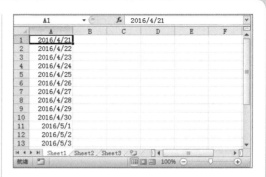

步骤05 在"序列"对话框，若选择"工作日"单选按钮，其他设置和Step03的设置一样。

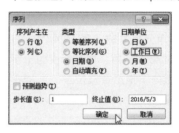

步骤06 结果表示日期按步长值填充，不显示周六和周天的日期。

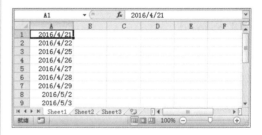

步骤07 在"序列"对话框，若选择"月"单选按钮，在"终止值"数值框内输入2016/12/21，则表示日期的月份按步长值填充。

步骤08 在"序列"对话框，若选择"年"单选按钮，在"终止值"数值框内输入2020/4/21，则表示日期的年份按步长值填充。

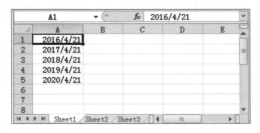

日期序列填充也可以使用拖曳鼠标的方法，下面介绍其操作方法。

步骤01 选中A1单元格并输入2016/4/21，将光标移至A1单元格右下角，当光标变为十字时按住鼠标左键向下拖至合适位置，至A8单元格，释放鼠标。

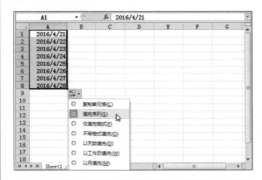

步骤02 单击"自动填充选项"下三角按钮，在下拉列表中选择"填充序列"选项即可。

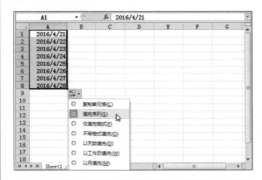

办公助手 "自动填充选项"列表

在其列表中包括"序列"对话框中"日期单位"区域中的所有选项，除此之外还有复制单元格、填充序列、仅填充格式和不带格式填充。

使用填充柄也可以设置日期填充以日、月或年其中一个或多个为单位，以及填充的步长值。

步骤01 选中A1和A2单元格分别输入2016/4/21和2016/4/23，然后选中A1:A2单元格区域，将光标移至右下角，当变为十字形时按住鼠标左键向下拖曳至A9单元格，结果表示按日期的天数填充，步长值为2。

步骤02 在A1和A2单元格内分别输入2016/4/21和2016/6/21，然后选中A1:A2单元格区域，将光标移至右下角，当变为十字形时按住鼠标左键向下拖曳至A9单元格，结果表示按日期的月份填充，步长值为2。

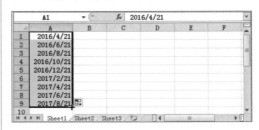

步骤03 在A1和A2单元格内分别输入2016/4/21和2017/4/21，然后选中A1:A2单元格区域，将光标移至右下角，当变为十字形时按住鼠标左键向下拖曳至A9单元格，结果表示按日期的年份填充，步长值为1。

步骤04 在A1和A2单元格内分别输入2016/4/21和2017/6/23，然后选中A1:A2单元格区域，将光标移至右下角，当变为十字形时按住鼠标左键向下拖曳至A9单元格，结果表示年份按步长值1、月份按步长值3和天数按步长值2填充。

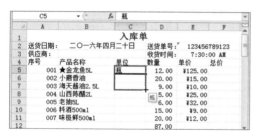

2.4.3 文本填充

文本填充很简单，下面简单介绍文本填充的具体操作。

步骤01 打开"小吃店入库清单"工作表，选中C5单元格并输入"瓶"，保持该单元格被选中状态。

步骤02 将光标移至该单元格右下角，当光标变为十字形时按住鼠标左键向下拖动至C7单元格。

步骤03 按上述操作方法，在C8:C11单元格区域内填充"桶"。

除了使用填充柄进行操作外，还可以利用功能区进行填充操作。

步骤01 打开"小吃店入库清单"工作表，在C5单元格中输入"瓶"，然后选中C5:C7单元格区域。

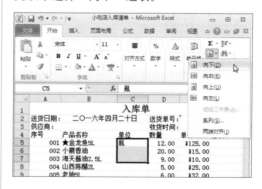

步骤02 切换至"开始"选项卡，在"编辑"选项组中单击"填充"下三角按钮，在下拉列表中选择"向下"选项。

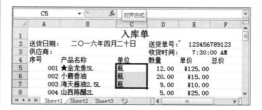

步骤03 经过上述操作，即可将C5单元格的内容填充至C7单元格。

2.4.4 自定义填充

如果Excel 2010系统自带的序列满足不了用户需要，我们还可以自定义序列。

在本案例中小吃店每天采购的产品都是一样的，我们可通过自定义填充功能实现产品名称的填充。

步骤01 打开"小吃店入库清单"工作表，单击"文件"标签，选择"选项"选项。

步骤02 打开"Excel选项"对话框，选择"高级"选项，在右侧的"常规"区域中单击"编辑自定义列表"按钮。

步骤03 打开"自定义序列"对话框，在"输入序列"文本框中输入产品名称，然后单击"添加"按钮。

步骤04 如果需要输入的内容比较多，可以单击"导入"左侧的折叠按钮。

步骤05 返回工作表中，选中B5:B17单元格区域，然后再单击折叠按钮。

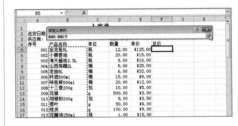

步骤06 返回"选项"对话框，单击"导入"按钮，并依次单击"确定"按钮。

步骤07 在B5单元格内输入"金龙鱼5L"，然后向下填充至B17单元格。

2.5　查找与替换数据

在数据处理过程中，在庞大的数据中需要查找某具体的数据时，使用查找与替换功能是非常便利的，可以大大地提高工作效率。

2.5.1　查找数据

需要在报表中查找某些数据时，如果逐一地去查找是很费时费力的，通过查找功能可以起到事半功倍的效果。

步骤01 打开"小吃店入库清单"工作表，选中表格内任意单元格，切换至"开始"选项卡，在"编辑"选项组中单击"查找和选择"下三角按钮，在下拉列表中选择"查找"选项。

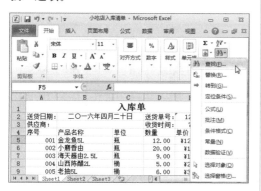

步骤02 在"查找内容"文本框中输入"由"，单击"查找下一个"按钮，在工作表中选中查找内容的单元格。如果单击"查找全部"按钮，则会显示所有包含查找内容的单元格路径，若选中任意一条查找记录，则在工作表中会选中相关的单元格，若全选，则全部选中相关的单元格。

2.5.2　替换数据

如果需要修改数据报表中某些数据，使用替换功能可以快速准确地从众多数据中修改数据。

步骤01 打开"小吃店入库清单"工作表，选中表格中任意单元格，切换至"开始"选项卡，在"编辑"选项组中单击"查找和选择"下三角按钮，在下拉列表中选择"替换"选项。

步骤02 打开"查找和替换"对话框，在"查找内容"文本框中输入"由"，在"替换为"文本框中输入"油"。

步骤03 单击"查找下一个"按钮，逐一查找并确认是否需要替换，然后单击"替换"按钮即可。

步骤04 若单击"全部替换"按钮，则工作表中所有"由"都会被替换，并弹出替换的提示信息，单击"确定"按钮。

2.5.3 高级查找和替换

上面介绍的是常规的查找和替换，在"查找和替换"对话框中，单击"选项"按钮可以进入高级模式，可以更精确地查找和替换数据。

步骤01 打开"小吃店入库清单1"工作簿，选中表格中任意单元格，按快捷键Ctrl+F，打开"查找和替换"对话框，在"查找内容"文本框中输入"金龙鱼"，在"替换为"文本框中输入"鲁花"。

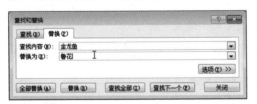

步骤02 单击"查找全部"按钮，结果显示5个单元格被找到。

步骤03 单击"选项"按钮，进入高级模式，勾选"单元格匹配"复选框，单击"查找全部"按钮，结果显示2个单元格被找到，结果表示查找的内容与"查找内容"文本框中的内容完全匹配。

步骤04 单击"全部替换"按钮完成高级模式的查找和替换，弹出提示对话框，单击"确定"按钮。

除了单元格内的数据可以替换外，单元格的格式也可以查找和替换。

步骤01 打开工作表，按快捷键Ctrl+F打开"查找和替换"对话框，在"查找内容"文本框中输入"金龙鱼"，在"替换为"文本框中输入"鲁花"，单击"替换为"文本框右侧的"格式"按钮。

步骤 02 打开"替换格式"对话框,切换至"字体"选项卡,设置"字体"为"华文行楷",设置"字号"为12,设置字体颜色为"红色"。

步骤 03 切换至"填充"选项卡,在"背景色"区域选择浅绿色,然后单击"确定"按钮。

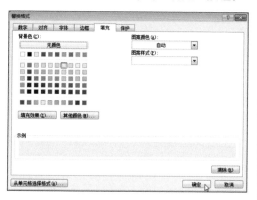

步骤 04 返回"查找和替换"对话框,单击"查找全部"按钮,然后再单击"全部替换"按钮。

步骤 05 关闭"查找和替换"对话框,返回工作表,查看替换数据和格式的效果。

2.5.4 模糊查找数据

在Excel 2010中还可用通配符进行模糊查找,常用于查找包含某些数据的单元格。

步骤 01 打开"小吃店入库清单"工作簿,选中表格中任意单元格,按快捷键Ctrl+F,打开"查找和替换"对话框,在"查找内容"文本框中输入"金*"。

步骤 02 单击"查找全部"按钮,结果显示5个单元格被找到。

办公助手　通配符的使用

Excel中的通配符包括"?"和"*"两种,在使用时均在半角状态。"?"代替任意一个字符,"*"代替任意数目的字符,可以是单个字符、多个字符或没有字符。查找"?"和"*"字符本身时,不可以直接输入问号和星号,需在前面输入波浪符号"~",如"~?"、"~*"。

读书笔记

Chapter
03

制作企业员工信息表

本章概述

Excel具有强大的数据处理功能，也提供完整的设置表格格式以及样式的功能。熟练地掌握这些知识可以方便地对工作表进行格式和样式的设置，使工作表更加完美。本章将通过制作企业员工信息表，逐一对单元格的操作、单元格的格式设置以及表格格式的设置等知识点进行详细介绍。

本章要点

插入、移动和复制单元格

合并和拆分单元格

自动换行

应用单元格样式

自定义样式

套用表格格式

自定义表格格式

3.1 单元格的基本操作

单元格是Excel工作表中基础的组成部分，是行和列交叉形成的格子，单元格是由列标和行号命名的，通常形式为"字母+数字"，例如A2单元格位置在A列第二行。单元格的操作也是用户在使用Excel时最基本的操作。

3.1.1 选择单元格

单元格是工作表组成的最小单位，也是我们使用最频繁的，本小节主要介绍如何选择单元格。下面介绍几种选择单元格的方法。

❶选择单个单元格

打开"员工信息表"工作表，将光标移至需要选中的单元格上，单击即可选中，如选中A4单元格。然后可以在该单元格内输入数据或进行编辑。

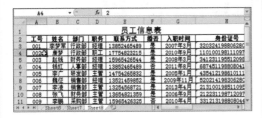

❷选择连续的单元格

打开"员工信息表"工作表，例如需要选中A4:F6单元格区域，将光标移至区域的左上角的A4单元格并单击，按住鼠标左键拖动至F6单元格，然后释放鼠标左键即可选中该区域。

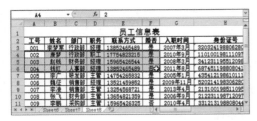

除了上面介绍的方法外，还可以先选单元格区域左上角的单元格，然后按Shift键不放，再选择单元格区域的右下角单元格，即可选中连续的单元格。

❸选择不连续的单元格

选择不连续的单元格的操作方法很简单，根据用户需要选择单元格。

首先选中某个单元格或单元格区域，然后按住Ctrl键，最后选择其他的单元格或单元格区域。

❹选择所有单元格

在某些情况下需要选中整个工作表中所有单元格，下面具体介绍操作方法。

（1）方法1：单击编辑区按钮法

在工作表中，单击编辑区左上角▭按钮即可选中所有单元格。

（2）方法2：快捷键法

选中数据区域外的任意单元格，按快捷键Ctrl+A即可选中所有单元格。

若选中数据区域内的单元格，按快捷键Ctrl+A即可选中数据区域内的所有单元格。

3.1.2 插入单元格

在编辑单元格时，如果需要添加单元格，此时就可以使用插入单元格的方法。

步骤 01 打开空白工作簿并命名为"员工信息表"，输入标题和表头，现在需要在"工作年限"前插入单元格并输入"入职时间"。

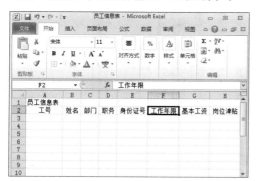

步骤 02 选中F2单元格，然后切换至"开始"选项卡，单击"单元格"选项组中的"插入"下三角按钮，在下拉列表中选择"插入单元格"选项。

步骤 03 在弹出的"插入"对话框中，选中"活动单元格右移"单选按钮，然后单击"确定"按钮。

步骤 04 返回工作表中，可见插入一个空白单元格，然后输入"入职时间"。

我们也可以使用快捷菜单的方法插入单元格，具体操作方法如下。

步骤 01 选中F2单元格，单击鼠标右键，在快捷菜单中执行"插入"命令。

步骤 02 在弹出的"插入"对话框中，选择"整列"单选按钮，单击"确定"按钮即可插入整列。

选中需要插入单元格的位置，然后按快捷键Ctrl++即可打开"插入"对话框。

> **办公助手** **"插入"对话框中各选项的意义**
>
> 在"插入"对话框中包括4个选项，"活动单元格右移"表示选中的单元格移至插入的单元格右侧；"活动单元格下移"该单选按钮为默认选中，表示选中的单元格移至插入单元格的下方；"整行"和"整列"表示在当前单元格的上面或左侧插入一行或一列。

3.1.2 移动和复制单元格

当单元格内的内容位置不对时，可通过移动和复制单元格将内容移至正确的位置，避免重新输入。

在"员工信息表"中，输入数据时把"婚否"列的内容输在"学历"列中了，现在需要将其移至正确的位置。

❶ 移动单元格

移动单元格可将原来单元格内容移至合适的位置。下面介绍两种移动单元格的方法。

（1）方法1：利用"剪切"功能法

步骤01 打开工作表，选中F3:F22单元格区域，在"开始"选项卡的"剪贴板"选项组中，单击"剪切"按钮。

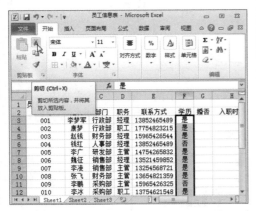

步骤02 选择需要粘贴的位置，此处选择G3单元格，然后单击"粘贴"按钮。

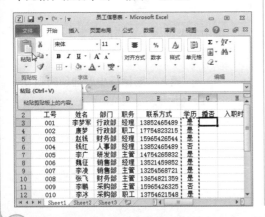

步骤03 返回工作表中，查看通过"剪切"功能移动单元格后的效果。F3:F22单元格区域的数据移至G3:G22单元格区域，原区域数据将不存在。

（2）方法2：鼠标拖曳法

步骤01 打开工作表，选中需要移动的单元格，如F3:F22单元格区域，将光标移至选中区域的边框上，当光标上出现黑色4个箭头时，按住鼠标左键并拖至合适位置，此处拖曳至G列。

步骤02 在光标处会显示移至的单元格区域，然后释放鼠标即可完成单元格的移动，移动的效果和方法1一样。

❷ **复制单元格**

复制单元格可将原来单元格的内容复制到合适的位置，原单元格内容不变，下面介绍两种复制单元格的方法。

（1）方法1：利用"复制"功能法

步骤 01 打开工作表，选中F3:F22单元格区域，在"开始"选项卡的"剪贴板"选项组中，单击"复制"按钮。

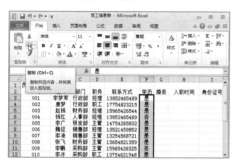

步骤 02 选择需要粘贴的位置，此处选择G3单元格，然后单击"粘贴"按钮。

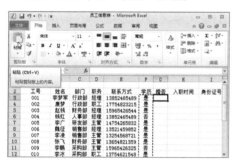

步骤 03 返回工作表中，查看复制单元格后的效果。再次选中F3:F22单元格区域按Esc键可取消选定区域的活动选定框。

（2）方法2：鼠标拖曳法

步骤 01 打开工作表，选中需要移动的单元格，如F3:F22单元格区域，将光标移至选中区域的边框上，按住鼠标左键并拖至合适位置。

步骤 02 按住Ctrl键，当光标右上方出+加号时，释放鼠标即可完成单元格的复制，复制后的效果和上一种方法一样。

3.1.3 合并和拆分单元格

为了工作表的整体美观，我们可以合并和拆分单元格，下面具体介绍合并和拆分单元格的方法。

❶ **合并单元格**

合并单元格是将两个或多个单元格合并成一个大的单元格。

在"员工信息表"中，将表格的表头A1:N1单元格区域合并后居中。

步骤 01 打开工作表，选中A1:N1单元格区域，单击鼠标右键，在快捷菜单中执行"设置单元格格式"命令。

步骤02 打开"设置单元格格式"对话框，切换至"对齐"选项卡，设置"水平对齐"和"垂直对齐"为"居中"，勾选"合并单元格"复选框。

步骤03 单击"确定"按钮，返回工作表中查看单元格合并后的效果。

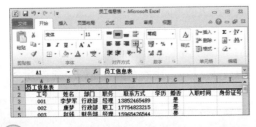

除了在对话框中合并单元格外，还可以利用功能区的按钮来实现合并。

步骤01 选中A1:N1单元格区域，在"开始"选项卡的"对齐方式"选项组中，单击"合并后居中"按钮。

步骤02 查看合并单元格后的效果，和对话框操作效果一样。

若单击"合并后居中"下三角按钮，有4个选项，4个选项的含义各不同，下面将详细讲解。

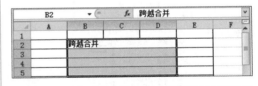

其中，"合并后居中"选项表示将选中的单元格合并为一个单元格，单元格中的文本居中显示；"合并单元格"选项表示将选中的单元格合并为一个单元格，单元格中的文本左对齐；"跨越合并"选项表示将选中的单元格每行合并为一个单元格，例如选中B2:D5单元格区域，合并为4行的单元格区域，单元格内的文本左对齐。

办公助手 **注意数据保护**

如果合并单元格时多个单元格内有数据，则合并后只能保留左上角单元格内的数据，会弹出提示对话框。

② 拆分单元格

只有合并单元格后才能拆分单元格，拆分单元格是将合并的单元格拆分为标准的单元格。

步骤 01 打开工作表，选中标题栏，如A1单元格，单击"开始"选项卡的"对齐方式"对话框启动器按钮。

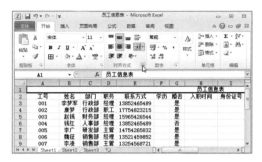

步骤 02 打开"设置单元格格式"对话框，切换至"对齐"选项卡，取消勾选"合并单元格"复选框。

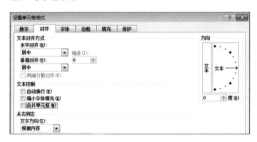

步骤 03 单击"确定"按钮，查看拆分单元格后的效果。

除了上述方法外，我们还可以单击"合并后居中"按钮拆分单元格。或是单击"合并后居中"下三角按钮，在下拉列表中选择"取消单元格合并"选项。

3.1.4 删除单元格

在编辑表格时，如果不需要某单元格或单元格区域时，可以将其删除。

在"员工信息表"中，需要将"入职时间"列的内容删除。

步骤 01 打开工作表，选中H2:H22单元格区域，单击鼠标右键，在快捷菜单中执行"删除"命令。

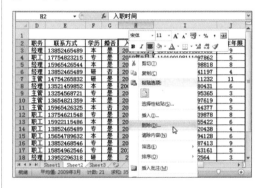

步骤 02 弹出"删除"对话框，选择"右侧单元格左移"单选按钮，然后单击"确定"按钮。

步骤 03 返回工作表，查看删除单元格后的效果。

删除单元格的方法很多，例如，首先选中需要删除的单元格，在"开始"选项卡中，单击"单元格"选项组中的"删除"按钮，删除后左侧单元格右移。也可以单击"删除"下三角按钮，在下拉列表中选择"删除单元格"选项，打开"删除"对话框。

办公助手　删除单元格内的数据

如果只删除单元格内的数据，而不删除单元格时，可以选中单元格或单元格区域，然后按Delete键即可。

3.1.5 为单元格添加批注

批注对单元格内容起解释和说明作用，以方便浏览者理解单元格中内容的含义。

步骤 01 打开工作表，选中B7单元格，切换至"审阅"选项卡，单击"批注"选项组中的"新建批注"按钮。

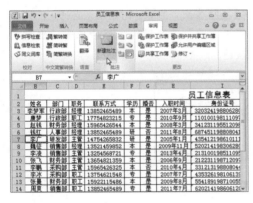

步骤 02 在弹出的批注框内输入内容，单击批注框外任意位置即可退出编辑。

步骤 03 添加批注后，单元格的右上角出现红色小三角形，当光标放置在添加批注的单元格上时，会显示批注内容。

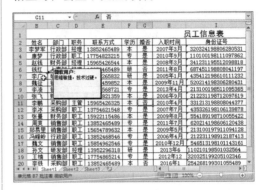

步骤 04 选中B7单元格，切换至"审阅"选项卡，单击"批注"选项组中的"编辑批注"按钮。

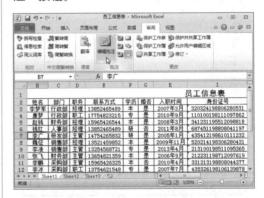

步骤 05 在弹出的批注框内编辑批注，然后退出编辑状态。

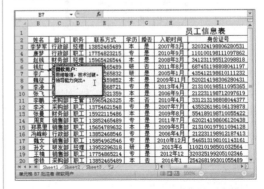

如果需要删除添加的批注，删除单个批注的方法很简单，选中需要删除批注的单元格，然后切换至"审阅"选项卡，单击"批注"选项组中的"删除批注"按钮即可。

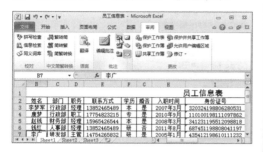

可以删除工作表的所有批注，下面介绍具体的操作方法。

步骤01 打开工作表，切换至"开始"选项卡，单击"编辑"选项组中"查找和选择"下三角按钮，在下拉列表中选择"定位条件"选项。

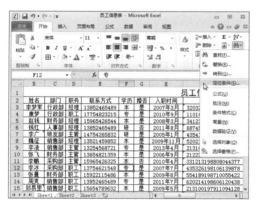

步骤02 打开"定位条件"对话框，选择"批注"单选按钮，单击"确定"按钮。

步骤03 可见工作表所有添加批注的单元格均被选中，然后单击"批注"选项组中的"删除批注"按钮。

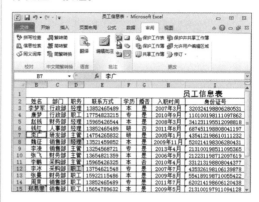

3.1.6 保护部分单元格

为了使工作表在传阅的时候不被修改，我们可以对一些重要数据进行保护。

在"员工信息表"中，针对员工的联系方式和身份证号进行保护。

步骤01 打开工作表，单击工作表左上角的 按钮，选中所有单元格。

步骤02 单击"开始"选项卡的"对齐方式"对话框启动器按钮。

步骤03 弹出"设置单元格格式"对话框,切换至"保护"选项卡,取消勾选"锁定"复选框,然后单击"确定"按钮。

步骤04 返回工作表,选中E3:E22和I3:I22单元格区域,打开"设置单元格格式"对话框,勾选"锁定"复选框,单击"确定"按钮。

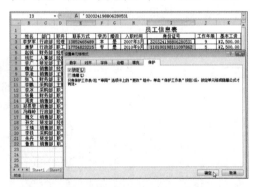

步骤05 返回工作表中,切换至"审阅"选项卡,单击"更改"选项组中的"保护工作表"按钮。

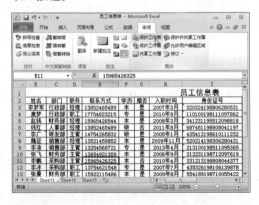

步骤06 弹出"保护工作表"对话框,在"取消工作表保护时使用的密码"数值框中输入密码,如输入123456。

步骤07 单击"确定"按钮,弹出"确认密码"对话框,在"重新输入密码"的数值框中输入123456。

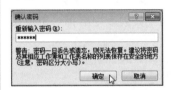

步骤08 单击"确定"按钮,设置部分单元格保护完成,若对保护的单元格进行修改,会弹出提示对话框,单击"确定"按钮即可。

　　如果需要对该单元格区域进行编辑,我们可以先撤销对工作表的保护,然后可以编辑该区域。

　　打开工作表,切换至"审阅"选项卡,单击"更改"选项组中的"撤销保护工作表"按钮,弹出"撤销工作表保护"对话框,在"密码"数值框内输入以前设置的密码123456,然后单击"确定"按钮,即可撤销对工作表的保护,就可以对单元格进行编辑了。

3.2 设置单元格格式

设置单元格格式是美化表格的基础，可以使表格看起来更美观，数据更清晰。设置单元格格式主要包括设置数据类型、对齐方式、字体字号以及添加背景色等等。下面分别对这些设置进行介绍。

3.2.1 设置数据类型

在Excel中，数据的类型包括很多种，例如数值、货币、日期、文本等等，用户根据不同的需求设置不同的数据类型。

以"员工信息表"为例介绍设置数据类型的方法。

步骤01 打开工作表，选中H3:H22单元格区域，单击鼠标右键，在快捷菜单中执行"设置单元格格式"命令。

步骤02 弹出"设置单元格格式"对话框，在"类型"区域选择合适的类型，此处选择"2011年3月"。

步骤03 单击"确定"按钮，返回工作表中，查看设置日期格式后的效果，可见单元格内只显示年份和月份。

步骤04 选中K3:N22单元格区域，打开"设置单元格格式"对话框，设置小数的位数、货币的符号以及负数的形式，然后单击"确定"按钮。

步骤05 返回工作表中，将单元格设置为货币格式的效果，都保留1位小数，而且都添加了货币符号。

3.2.2 设置对齐方式

在Excel中，数值型数据系统自动右对齐，文本型的数据自动为左对齐，表格整体看起来不整齐，所以我们需要对数据进行统一设置对齐方式。

以"员工信息表"为例，介绍设置数据对齐方式为居中，下面将介绍两种方法。

（1）方法1：功能区按钮法

步骤01 打开工作表，可见单元格内数据的对齐方式各不相同。

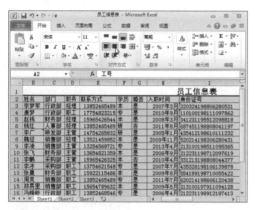

步骤02 选中A2:N22单元格区域，切换至"开始"选项卡，单击"对齐方式"选项组中的"居中"按钮。

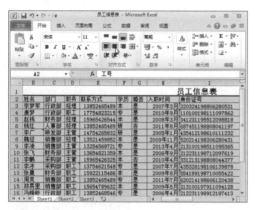

办公助手 **对齐方式**

在"对齐方式"选项组中提供了6种对齐方式，主要分为垂直对齐和水平对齐两大类。其中垂直对齐包括顶端对齐、垂直居中和底端对齐，水平对齐包括文本左对齐、居中和文本右对齐。

步骤03 返回工作表中，查看设置居中对齐后的效果。

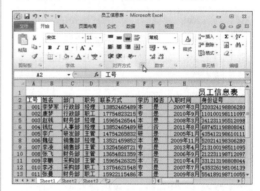

（2）方法2：使用对话框设置对齐方式

步骤01 选中A2:N22单元格区域，在"开始"选项卡中单击"对齐方式"对话框启动器按钮，打开"设置单元格格式"对话框。

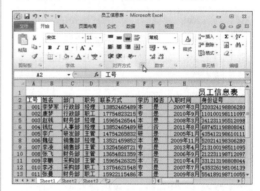

步骤02 在打开的对话框的"对齐"选项卡中，设置"水平对齐"和"垂直对齐"为"居中"。

步骤03 单击"确定"按钮，设置居中对齐完成，效果和上一方法一样。

3.2.3 设置字体、字号

在输入数据时，字体格式默认为宋体，字号为11，颜色为黑色，用户可以根据不同的需要设置字体、字号。

以"员工信息表"为例，将表格标题设置为黑体，16号，下面介绍其操作方法。

（1）方法1：功能区按钮法

步骤01 打开工作表，选中标题栏，即A1单元格，现在格式为宋体，11号。

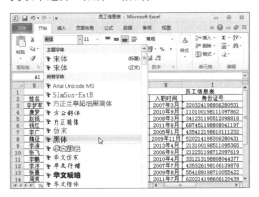

步骤02 切换至"开始"选项卡，在"字体"选项组中单击"字体"下三角按钮，在下拉列表中选择"黑体"格式。

步骤03 单击"字号"下三角按钮，在下拉列表中选择16。

（2）方法2：悬浮窗口法

选中需要设置字体的单元格，如A1单元格，单击鼠标右键，弹出悬浮窗口，单击"字体"下三角按钮，在下拉列表中选择合适的字体，在"字号"下拉列表中选择合适的字号。

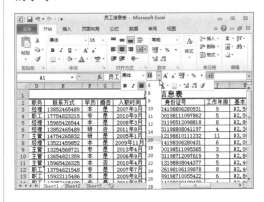

（3）方法3：对话框设置法

步骤01 打开工作表，选中标题栏，即A1单元格，单击"开始"选项卡中"字体"对话框启动器按钮。

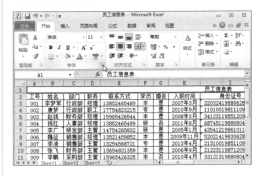

步骤02 弹出"设置单元格格式"对话框，在"字体"选项卡中设置"字体"和"字号"，然后单击"确定"按钮即可。

3.2.4 设置字体加粗和颜色

在我们编辑表格时，有时为了突出某个数据，会加粗显示或为数据添加颜色。

在"员工信息表"中设置表头字体为加粗，设置颜色为红色。

步骤01 打开工作表，选中A2:N2单元格区域，单击"字体"对话框启动器按钮。

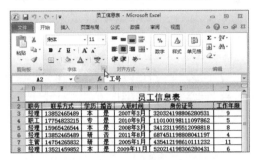

步骤02 打开"设置单元格格式"对话框，在"字体"选项卡中设置"字形"为"加粗"，单击"颜色"下三角按钮，选择红色。

步骤03 单击"确定"按钮，返回工作表中，查看设置字体加粗和颜色的效果。

设置字体加粗和颜色的方法和设置字体、字号一样，还可以通过功能区和悬浮窗口完成，在此就不再详细解说，下面提供两张图供参考。

若取消加粗和颜色，选中A2:N2单元格区域，在"字体"选项组中，单击"加粗"按钮，设置字体颜色为"自动"即可。

3.2.5 设置自动换行

当我们在单元格输入数据时，会发现当输入的数据太多时，超出单元格的宽度，占据右侧单元格，此时我们可以设置自动换行。

在"员工信息表"插入一列为"家庭住址",并输入具体地址。

步骤01 打开工作表,在"入职时间"列前面插入一列并输入"家庭住址",并在H3单元格内输入地址。

步骤02 打开"设置单元格格式"对话框,在"对齐"选项卡中勾选"自动换行"复选框,然后单击"确定"按钮即可。

步骤03 返回工作表中,调整单元格的宽度,会根据宽度不同自动调整分行。

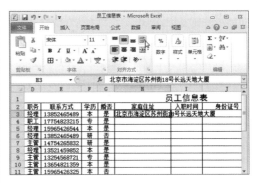

我们还可以通过单击"自动换行"按钮,快速实现换行。

选中H1单元格,切换至"开始"选项卡,在"对齐方式"选项组中单击"自动换行"按钮,即可实现自动换行。

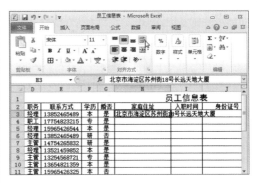

办公助手 **手动换行**

在Word中如果需要换行直接按Enter键即可,但是在Excel中按Enter键表示输入完成,并不会换行,如果需要手动换行,选择需要换行的位置,然后按快捷键Alt+Enter即可实现换行。

3.2.6 为单元格添加背景色

为单元格添加背景色会起到美化工作表的效果,或是突出显示某些数据的效果。也可以添加底纹,下面介绍具体操作。

为"员工信息表"的表格添加背景色以及添加底纹。

步骤01 打开工作表,选中整体表格,切换至"开始"选项卡,单击"填充颜色"下三角按钮,在颜色区域选择合适的颜色,此处选择浅橘色。

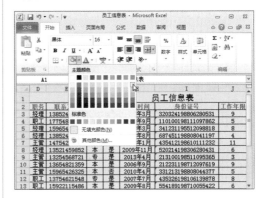

步骤02 返回工作表中,查看设置背景色为浅橘色的效果。通过悬浮窗口也可以添加背景色,但都不能添加底纹。

若为表格添加图案底纹，则使用对话框方法，具体操作如下。

步骤01 选中整个表格，打开"设置单元格格式"对话框，切换至"填充"选项卡，单击"图案样式"下三角按钮，选合适的图案样式，然后选择背景色，单击"确定"按钮。

步骤02 返回工作表中，查看设置背景色和图案底纹后的效果。

上面介绍了如何为表格添加背景色和图案，还可为表格添加自己喜欢的图片作为背景图片，下面将介绍添加背景图片的方法。

步骤01 打开工作表，切换至"页面布局"选项卡，单击"页面设置"选项组中的"背景"按钮。

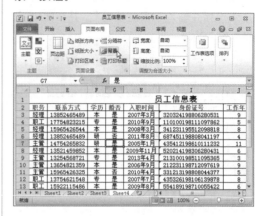

步骤02 打开"工作表背景"对话框，根据图片的路径选择合适的图片，然后单击"插入"按钮。

步骤03 返回工作表中，查看添加背景图片的效果。

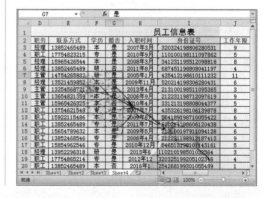

3.2.7 使用格式刷复制格式

当需要将单元格的格式复制到别的单元格时，我们可以使用格式刷快速实现。

在"员工信息表"中需要将学历为研究生的单元格标出来，格式和工作表的表头格式一样。

步骤01 打开工作表，选中表头任意单元格，切换至"开始"选项卡，单击"剪贴板"选项组中的"格式刷"按钮。

步骤02 光标变为十字形和小扫帚时只需单击需要复制格式的单元格即可，此处单击F6单元格。

步骤03 返回工作表中，查看使用格式刷复制格式的效果。

当需要将格式复制给多个不连续的单元格时，如果逐一执行上面操作会比较繁琐，费时费力。下面将介绍批量复制单元格格式的方法。

步骤01 选中表头任意单元格，并双击"格式刷"按钮。

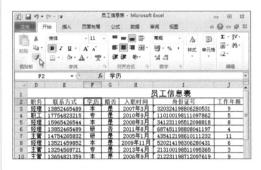

步骤02 光标变为十字形和小扫帚时，依次单击需要复制格式的单元格。

步骤03 完成后再次单击"格式刷"按钮即可退出格式刷状态，返回工作表中，查看最终效果。

3.3 使用单元格样式

在Excel中预置了很多经典的单元格样式，在使用的时候直接套用就可以，也可以根据用户需要自定义样式。

3.3.1 快速设置单元格样式

用户可以套用Excel提供的单元格的样式，即方便又实用，具体操作方法如下。

步骤 01 打开"员工信息表"，选中B3:D22单元格区域。

步骤 02 切换至"开始"选项卡，单击"样式"选项组中的"单元格样式"下三角按钮，在打开的样式库中选择合适的样式。

步骤 03 返回工作表中查看效果。

步骤 04 选择D3:D22单元格区域，打开"单元格样式"样式库，在"主题单元格样式"区域选择合适的样式。

步骤 05 返回工作表中，查看设置单元格样式后的效果。

3.3.2 修改单元格样式

套用某单元格样式后，可对其进行修改，以达到满意的效果。用户主要修改单元格的格式，如字体、填充、对齐和边框等等。

以"员工信息表"工作表为例，将D3:D11单元格区域的样式进行修改，根据需求修改其字体和填充等等。下面将介绍修改单元格样式的具体操作方法。

步骤 01 打开"员工信息表"工作表，选中套用单元格样式的单元格区域，此处选中D3:

D11单元格区域。

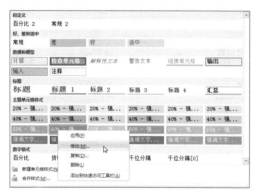

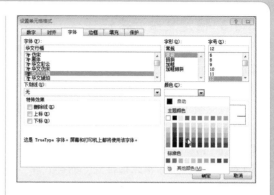

步骤 02 切换至"开始"选项卡，单击"样式"选项组中的"单元格样式"下三角按钮，打开的样式库，右键单击套用的单元格样式，在快捷菜单中执行"修改"命令。

步骤 05 切换至"填充"选项卡，选择需要的填充颜色，此处选择浅紫色，然后单击"确定"按钮。

步骤 03 弹出"样式"对话框，保持默认状态，单击"格式"按钮。

步骤 06 返回"样式"对话框，单击"确定"按钮。

步骤 07 返回工作表中查看设置后的效果。

步骤 04 弹出"设置单元格格式"对话框，切换至"字体"选项卡，设置"字体"和"字号"，添加字体颜色。

3.3.3 自定义单元格样式

如果内置的单元格样式满足不了用户的需求，还可以根据需求自定义单元格的样式，具体操作方法如下。

以"员工信息表"为例，将其应用不同的单元格样式或是自定义样式。

步骤01 打开"员工信息表"工作表，选中A1单元格，打开"单元格样式"的样式库，选择"标题"样式。

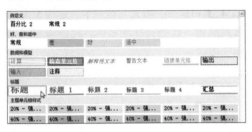

步骤02 切换至"开始"选项卡，单击"单元格样式"下三角按钮，在下拉列表中选择"新建单元格样式"选项。

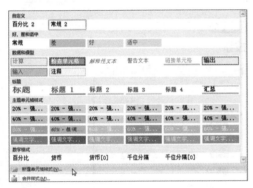

步骤03 弹出"样式"对话框，单击"格式"按钮，打开"设置单元格格式"对话框。

步骤04 切换至"对齐"选项卡，分别单击"水平对齐"和"垂直对齐"的下三角按钮，在下拉列表中选择"居中"选项。

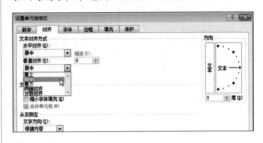

步骤05 切换至"字体"选项卡，设置"字体"为"华文新魏"，"字号"为12，"颜色"为紫色。

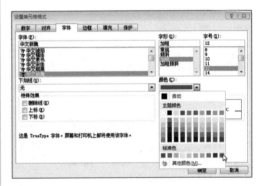

步骤06 切换至"填充"选项卡，根据需要设置填充颜色，此处选择浅橘色，然后单击"确定"按钮。

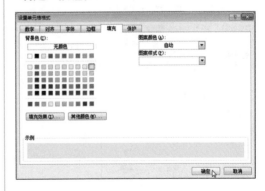

步骤07 返回"样式"对话框，在"样式名"文本框中输入"标题栏"，然后单击"确定"按钮。

步骤08 返回工作表中，切换至"开始"选项卡，单击"样式"选项组中的"单元格样式"下三角按钮，在"自定义"区域选择自定义的样式。

步骤09 返回工作表中，查看自定义标题栏的效果。

步骤10 根据上面介绍的方法，自定义"工资"的单元格样式。

步骤11 返回工作表中，应用"工资"自定义样式，查看效果。

3.3.4 合并样式

创建的自定义单元格样式只能在当前的工作簿中使用，如何跨工作簿使用单元格的样式呢？下面将介绍具体操作。

步骤01 打开自定义单元格样式的工作簿，打开需要合并样式的工作簿，切换至"开始"选项卡，单击"样式"选项组中的"单元格样式"下三角按钮，在下拉列表中选择"合并样式"选项。

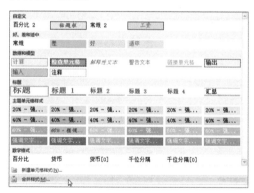

步骤02 打开"合并样式"对话框，选择包含自定义样式的工作簿，然后单击"插入"按钮即可。

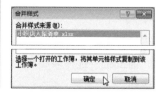

3.4 套用表格格式

Excel中预置了多种表格格式，使用表格格式可以一次性设置完成边框、底纹，以及可以进入筛选模式。

3.4.1 套用格式

Excel预置了50多种常用的表格格式，用户可以套用这些格式，美化表格。

以"员工信息表"为例，下面介绍套用表格格式的方法。

步骤01 打开"员工信息表"工作表，选中A2:N22单元格区域。

步骤02 切换至"开始"选项卡，单击"样式"选项组中"套用表格格式"下三角按钮，打开格式库，并选择合适的格式。

步骤03 弹出"套用表格式"对话框，单击"表数据的来源"折叠按钮，选择表格的内容，单击"确定"按钮。

步骤04 返回工作表中，表格应用了选择的表格格式，并且添加了筛选功能。

步骤05 在功能区显示"表格工具/设计"选项卡，在"表格样式选项"选项组，勾选"第一列"和"最后一列"复选框。

步骤06 单击"工具"选项组中"转换为区域"按钮。

步骤 07 弹出提示对话框，单击"是"按钮，将表格转换为普通数据表，功能区不再显示"表格工具"选项卡。

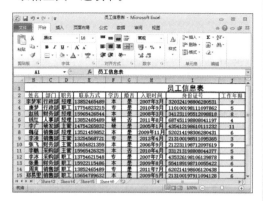

3.4.2 自定义样式

用户可以根据自己的喜好设置表格的格式，然后再应用自定义格式即可。

步骤 01 打开"员工信息表"工作表，切换至"开始"选项卡，单击"样式"选项组中"套用表格格式"下三角按钮，在下拉列表中选择"新建表样式"选项。

步骤 02 弹出"新建表快速样式"对话框，在"名称"文本框中输入名称，在"表元素"区域选择"第一行条纹"选项，单击"格式"按钮。

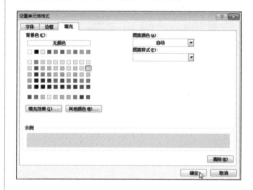

步骤 03 打开"设置单元格格式"对话框，在"填充"选项卡中设置填充颜色，单击"确定"按钮。

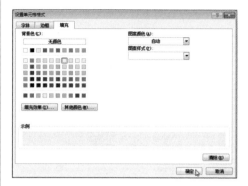

步骤 04 返回"新建表快速样式"对话框，选择"第二行条纹"选项，单击"格式"按钮，打开"设置单元格格式"对话框，设置填充颜色，单击"确定"按钮。

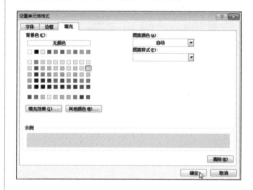

步骤 05 返回"新建表快速样式"对话框中，按照上面同样的方法设置"标题行"的填充颜色，单击"确定"按钮。

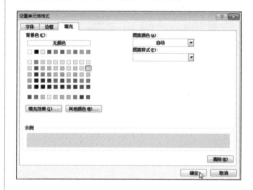

步骤06 返回"新建表快速样式"对话框中，单击"确定"按钮，单击"样式"选项组中"套用表格格式"下三角按钮，在下拉列表中的"自定义"区域选择设置的自定义样式。

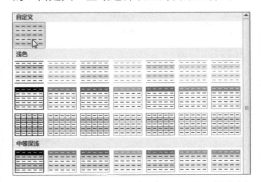

步骤07 返回工作表中查看套用自定义样式后的效果。

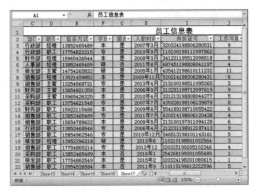

3.4.3 撤销套用的样式

如果套用的表格样式不再需要了，用户可以撤销套用的样式。

步骤01 打开套用样式的工作表，选中表格内任意单元格，切换至"表格工具-设计"选项卡，单击"表格样式"选项组的"其他"按钮。

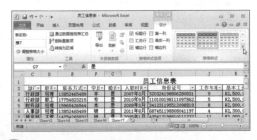

步骤02 在弹出的下拉选项中选择"清除"选项。

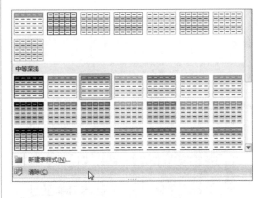

步骤03 然后单击"工具"选项组中的"转换为区域"按钮。

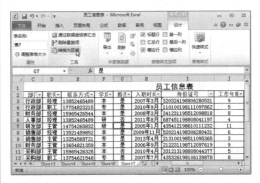

步骤04 弹出提示对话框，单击"是"按钮。

步骤05 返回工作表中查看撤销套用的样式后的效果。

Chapter

04

制作家电月销售报表

本章概述

学习Excel我们必须学习函数，因为函数的应用比较广，而且计算能力也比较强悍，若想提高Excel的水平，必须提高函数的应用水平。通过制作家电月销售报表，让读者熟悉公式与函数的应用方法与技巧。函数的学习并没有想象中那么唬人，只要掌握常用的函数，就足以应付在办公中遇到的大多数问题了。

本章要点

运算符

公式的结构

引用方式

引用外部数据

数组公式

函数的类型

常用函数的使用

4.1 认识公式

处理和分析Excel工作表中的数据时，总是会使用函数和公式。Excel处理数据的强大之处在于它提供了大量的函数和公式功能，函数和公式的计算功能可以满足用户的正常需求。本节主要介绍公式的基本知识。

4.1.1 理解运算符

运算符是公式中各个运算对象的纽带。Excel运算符包含4类，分别为算术运算符、比较运算符、文本运算符和引用运算符。下面将逐一介绍。

❶算术运算符

算术运算符能完成基本的数学运算，下面通过表格进行介绍。

算术运算符	含义	示例
+（加号）	加法	A1+B1
-（减号）	减法	A1-B1
*（乘号）	乘法	A1*B1
/（除号）	除法	A1/B1
%（百分号）	百分比	10%

例：在家电销售表格中计算海尔产品的总销售金额。使用算术运算符的加号即可，在I7单元格中输入公式"=I3+I4+I5+I6"，按Enter键计算出总销售金额。

下面简单介绍算术运算符的乘法的应用。例如在家电销售表格中，用户现在有各产品销售数量和销售的单价，要计算各产品的销售额。

在表格中，选中F3单元格，输入公式

"=E3*D3"，表示销售单价和销售数量相乘，按Enter键计算出销售金额。

在家电销售表中G列添加"上月销售金额"列，利用算术运算符减法将各商品本月销售额与上个月销售额进行比较。

在H3单元格内输入公式"=F3-G3"，按Enter键执行计算。表示当月销售额减去上月的销售额，如果为负数表示销售额下降，如果为正数表示销售额上升。然后将公式向下填充，查看效果。

❷比较运算符

比较运算符用于比较两个值，结果是一个逻辑值。结果是TRUE或FALSE，即表示真或假。

比较运算符	含义	示例
＝（等于号）	等于	A1=B1
＞（大于号）	大于	A1>B1
＜（小于号）	小于	A1<B1
＞＝（大于或等于号）	大于或等于	A1>=B1
＜＝（小于或等于号）	小于或等于	A1<=B1
＜＞（不等于号）	不等于	A1<>B1

在家电销售统计表中，现在分析本月的各产品销售额和上个月相比较是上升了还是减少了。选中H3单元格并输入"=F3>G3"公式，按Enter键执行计算。结果若为TRUE表示销售额是上升的；若为FALSE表示销售额是下降的。将公式向下填充，查看最终结果。

❸ 文本运算符

文本运算符表示使用&（和号）连接多个字符，结果为一个文本。

文本运算符	含义	示例
&（和号）	将多个值连接为一个连续的文本值	"Excel"&"2010" 结果是Excel2010

在库存表中当商品剩余数量小于100时，显示需要进货；当数量大于100时，显示货源充足。

选中K4单元格，输入"=IF(H4<100,"当前库存量为："&H4&CHAR(10)&"低于标准库存，需要进货","当前库存量为：

"&H4&CHAR(10)&"比较充裕，不需要进货")"公式，按Enter键执行计算。将公式向下填充，查看计算结果。

❹ 引用运算符

引用运算符主要用于在工作表中进行单元格或区域之间的引用。

引用	含义	示例
：（冒号）	区域运算符，生成对两个引用之间的单元格的引用，包括这两个引用	A1:A10
，（逗号）	联合运算符，将多个引用合并为一个引用	SUM(A1: A10, C1:C10)
（空格）	交叉运算符，生成对两个引用共同的单元格引用	A1:A10 C1:C10

在家电销售表中，选中I7单元格输入"=SUM(I3:I6)"公式，按Enter键执行计算。

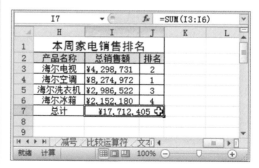

4.1.2 公式运算的次序

在执行计算时，公式的运算次序会影响计算的结果。因此熟悉公式运算的次序以及更改次序是非常重要的。

公式是按照特定次序计算值的，通常情况下是按公式从左向右的顺序进行运算，但是如果公式中包含多个运算符，则要按照一定的规则的次序进行计算。下面的表格中的运算符是按从上到下的次序进行计算。

运算符	说明
:（冒号）	引用运算符
（单个空格）	
,（逗号）	
-（负号）	负号
%	百分比
^	乘方
*和/	乘号和除号
+和-	加号和减号
&	连接两个文本字符串
=<>=><=<>	比较运算符

若公式中包含相同优先级的运算符，如包含乘和除，则顺序为从左到右进行计算。

如果需要更改运算的顺序，可以使用添加括号的方法。

例如：8+2*5计算的结果是18，该公式运算的顺序为先乘法再加法，先计算2*5，再计算8+10。如果将公式添加括号，（8+2）*5则计算结果为50，该公式的运算顺序为先加法再乘法，先计算 8+2，再计算10*5。

办公助手 **正确使用括号**

在公式中使用括号时，必须要成对出现，即有左括号就必须有右括号。其中括号内必须遵循运算的顺序。如果在公式中多组括号进行嵌套使用，其运算的顺序为从最内侧的括号逐级向外进行运算。

4.1.3 公式的结构

Excel中的公式由等号、函数、运算符、常量和引用的单元格组成。公式以等号（=）开始，表明之后的字符为公式。

以下面公式为例介绍公式的组成：

等号 　　　算术运算符　常量
=DB(E3,G3,D3*12,H3,12-MONTH(C3))
　函数　引用单元格　　引用运算符

下面通过表格介绍公式的组成要素。

组成要素	说明
常量	直接输入在公式中的数值
工作表函数	在Excel中预先编写的公式，返回一个或多个值
单元格引用	单元格在工作表中所处的位置
运算符	一个标记或符号，指定表达式内执行的运算类型

4.1.4 公式的输入

公式是Excel中重要的组成部分，在使用公式之前，先介绍公式的输入。

若以"="等号开头在单元格中输入数据时，Excel会自动变为输入公式的状态。当公式输入完成后，按Enter键即可快速计算出结果，或单击编辑栏左侧的"输入"按钮。

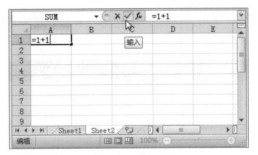

用户可以使用常量和计算符进行公式的计算。下面将举例说明。

步骤01 打开工作表，选中A1单元格，先输入"="等号，然后输入常量公式"2*5+4"，最终效果如下图所示。

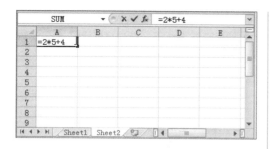

步骤02 按Enter键或单击"输入"按钮，执行计算，结果为14。

输入公式时也可以以"+"正号或"-"负号开始。以"+"正号开始，在A1单元格中输入"+4+2*5"公式，然后单击编辑栏左侧的"输入"按钮。

在该单元格中显示计算结果为14，在编辑栏中可以看到系统自动在公式的前面加上了"="。

以"-"负号开始，在A2单元格输入"-4+2*5"公式，按Enter键执行计算。

在该单元格中显示计算结果为6，在编辑栏中可以看到系统自动在公式的前面加上了"="。

由上面例子可看出，在公式前面加正号或负号，系统会自动在公式前添加等号（=），但是添加正负号时计算的结果是不同的，所以，用户在输入公式时应该以"="开始。

4.1.5　编辑公式

如果需要对输入的公式进行重新编辑或修改，可以采用以下方法。

（1）方法1：功能键法

步骤01 打开工作表，选择需编辑公式的单元格，如选中I7单元格。

步骤02 按F2功能键，则该单元格进入可编辑公式状态，然后将SUM改为MIN函数，其他保持不变。

	H	I	J	K	L
	SUM	▾ ⊗ ✗ ✓ fx	=MIN(I3:I6)		
1	**本周家电销售排名**				
2	产品名称	总销售额	排名		
3	海尔电视	¥4,298,731	2		
4	海尔空调	¥8,274,972	1		
5	海尔洗衣机	¥2,986,522	3		
6	海尔冰箱	¥2,152,180	4		
7	总计	=MIN(I3:I6)			
8					

步骤03 按Enter键执行计算，结果为I3:I6单元格区域中最小的值。

	H	I	J	K	L
	I7	▾ ◯	fx	=MIN(I3:I6)	
1	**本周家电销售排名**				
2	产品名称	总销售额	排名		
3	海尔电视	¥4,298,731	2		
4	海尔空调	¥8,274,972	1		
5	海尔洗衣机	¥2,986,522	3		
6	海尔冰箱	¥2,152,180	4		
7	总计	¥2,152,180			

（2）方法2：双击鼠标法

步骤01 打开工作表，双击需要编辑公式的单元格，双击I7单元格，该单元格进入可编辑状态。

	H	I	J	K	L
	SUM	▾ ◯ ✗ ✓ fx	=SUM(I3:I6)		
1	**本周家电销售排名**				
2	产品名称	总销售额	排名		
3	海尔电视	¥4,298,731	2		
4	海尔空调	¥8,274,972	1		
5	海尔洗衣机	¥2,986,522	3		
6	海尔冰箱	¥2,152,180	4		
7	总计	=SUM(I3:I6)			
8					

步骤02 把SUM改为MIN函数，然后按Enter键执行计算。

	H	I	J	K	L
	I7	▾ ◯	fx	=MIN(I3:I6)	
1	**本周家电销售排名**				
2	产品名称	总销售额	排名		
3	海尔电视	¥4,298,731	2		
4	海尔空调	¥8,274,972	1		
5	海尔洗衣机	¥2,986,522	3		
6	海尔冰箱	¥2,152,180	4		
7	总计	¥2,152,180			
8					

（3）方法3：编辑栏修改法

步骤01 打开工作表，选中I7单元格，在编辑栏中选中需要修改公式的位置，此时进入编辑状态。

	H	I	J	K	L
	SUM	▾ ◯ ✗ ✓ fx	=SUM(I3:I6)		
			SUM(number1, [number2], ...)		
1	**本周家电销售排名**				
2	产品名称	总销售额	排名		
3	海尔电视	¥4,298,731	2		
4	海尔空调	¥8,274,972	1		
5	海尔洗衣机	¥2,986,522	3		
6	海尔冰箱	¥2,152,180	4		
7	总计	=SUM(I3:I6)			
8					
9					
10					

Sheet2 / 编辑公式

步骤02 将SUM改为MIN函数，然后按Enter键执行计算。

	H	I	J	K	L
	I7	▾ ◯	fx	=MIN(I3:I6)	
1	**本周家电销售排名**				
2	产品名称	总销售额	排名		
3	海尔电视	¥4,298,731	2		
4	海尔空调	¥8,274,972	1		
5	海尔洗衣机	¥2,986,522	3		
6	海尔冰箱	¥2,152,180	4		
7	总计	¥2,152,180			
8					
9					
10					

Sheet2 / 编辑公式

4.1.6 复制公式

在处理Excel中的报表时，如果对某列或某行应用相同的公式，通常采用复制公式的方法。下面将介绍几种复制公式的方法。

（1）方法1：拖曳填充柄

步骤01 打开"家电月销售报表"工作表，在F3单元格内输入"=E3*D3"公式。

	A	B	C	D	E	F
	SUM	▾ ◯ ✗ ✓ fx	=E3*D3			
1			**5月家电销售统计明细**			
2	日期	商品名称	商品型号	销售数量	销售单价	销售金额
3	5月1日	海尔电视	48k5	150	¥2,399.00	=E3*D3
4	5月1日	海尔空调	KFR-35GW	150	¥2,899.00	
5	5月1日	海尔洗衣机	XQG70-B10866	260	¥1,899.00	
6	5月1日	海尔冰箱	BCD-216SDN	200	¥1,799.00	
7	5月3日	海尔电视	32EU3000	180	¥1,299.00	
8	5月3日	海尔空调	XQB70-LM1269	400	¥999.00	
9	5月3日	海尔冰箱	BCD-258WDPM	180	¥2,899.00	
10	5月5日	海尔电视	LS55A51	120	¥3,799.00	
11	5月5日	海尔空调	KFR-72LV	60	¥8,999.00	
12	5月6日	海尔洗衣机	EG8012B	180	¥2,699.00	
13	5月7日	海尔电视	LS42A51	100	¥2,599.00	
14	5月9日	海尔电视	KFR-50LV	98	¥5,399.00	
15	5月9日	海尔空调	40A3	90	¥1,999.00	
16	5月10日	海尔洗衣机	EG8012BB	80	¥2,599.00	
17	5月10日	海尔冰箱	BCD-452WDPF	100	¥3,399.00	

Sheet2 / 编辑公式

步骤02 按Enter键执行计算，选中该单元格，将光标移至单元格右下角，当光标变为黑色十字时，按住鼠标左键向下拖曳至F35单元格。

	A	B	C	D	E	F
	F3		fx	=E3*D3		
21	5月15日	海尔电视	55A5	150	¥2,999.00	
22	5月15日	海尔空调	KFR-72LW	210	¥4,999.00	
23	5月17日	海尔洗衣机	XQG70-B1286	138	¥2,499.00	
24	5月17日	海尔冰箱	BCD-571WDPF	100	¥3,699.00	
25	5月18日	海尔洗衣机	KFRd-72N	100	¥6,480.00	
26	5月18日	海尔电视	65K5	80	¥5,999.00	
27	5月20日	海尔空调	KF-23CW	300	¥1,699.00	
28	5月20日	海尔洗衣机	XQB75-KS828	230	¥1,599.00	
29	5月20日	海尔冰箱	BCD-118TMPA	150	¥1,099.00	
30	5月21日	海尔洗衣机	HMS70BZ	190	¥2,899.00	
31	5月23日	海尔空调	KFR-72GW	90	¥5,999.00	
32	5月25日	海尔电视	LE48A7000	59	¥5,199.00	
33	5月27日	海尔洗衣机	LE55A7000	100	¥4,399.00	
34	5月27日	海尔空调	RFC335MXS	50	¥65,880.00	
35	5月27日	海尔冰箱	BCD-648WDBE	90	¥4,399.00	
36	5月29日	海尔空调	KFR-50GW	30	¥4,999.00	

步骤03 释放鼠标即可将公式复制到以下单元格中，效果如下图所示。

	A	B	C	D	E	F
	F3		fx	=E3*D3		
1			5月家电销售统计明细			
2	日期	商品名称	商品型号	销售数量	销售单价	销售金额
3	5月1日	海尔电视	48k5	150	¥2,399.00	¥359,850.00
4	5月1日	海尔空调	KFR-35CW	150	¥2,899.00	¥434,850.00
5	5月1日	海尔洗衣机	XQG70-B10866	260	¥1,899.00	¥493,740.00
6	5月1日	海尔冰箱	BCD-216SDN	200	¥1,799.00	¥359,800.00
7	5月3日	海尔电视	32EU3000	100	¥1,299.00	¥129,900.00
8	5月3日	海尔洗衣机	XQB70-LM1269	400	¥999.00	¥399,600.00
9	5月3日	海尔冰箱	BCD-258WDPM	180	¥2,899.00	¥521,820.00
10	5月5日	海尔电视	LS55A51	120	¥3,799.00	¥455,880.00
11	5月5日	海尔空调	KFR-72LW	60	¥8,999.00	¥539,940.00
12	5月6日	海尔洗衣机	EG8012B	180	¥2,699.00	¥485,820.00
13	5月7日	海尔洗衣机	LS42A51	100	¥2,599.00	¥259,900.00
14	5月8日	海尔空调	KFR-50LW	98	¥5,399.00	¥529,102.00
15	5月9日	海尔电视	40A3	90	¥1,999.00	¥179,910.00
16	5月10日	海尔洗衣机	EG8012HB	80	¥4,299.00	¥343,920.00
17	5月10日	海尔冰箱	BCD-452WDPF	100	¥3,399.00	¥339,900.00

（2）方法2：选择性粘贴

步骤01 打开工作表，选中F3单元格，在"开始"选项卡中，单击"剪贴板"选项组中"复制"按钮。

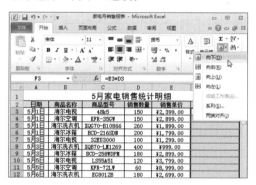

步骤02 选中需要粘贴的单元格区域，如选择F4:F35单元格区域，在"开始"选项卡中，单击"剪贴板"选项组中的"粘贴"下三角按钮，选择"公式"选项。

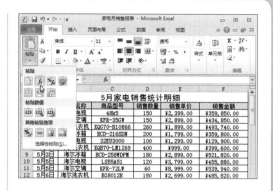

（3）方法3：填充命令法

步骤01 打开工作表，选中F3:F35单元格区域，切换至"开始"选项卡，单击"编辑"选项组中的"填充"下三角按钮，在下拉列表中选择"向下"选项。

步骤02 返回工作表中，查看复制填充公式后的效果。

（4）方法4：双击填充法

步骤01 打开工作表，在F3单元格内输入"=E3*D3"公式，按Enter键执行计算，选中该单元格，将光标移至单元格右下角，当光标变为黑色十字时并双击。

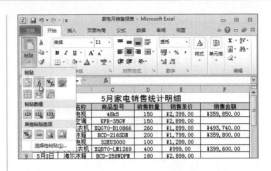

步骤 02 即可将F3单元格内的公式复制至表格最后一行。

以上介绍的都是复制至相邻的连续的单元格区域的方法，如果复制至不连续的单元格，用户可以采用方法2的选择性粘贴进行复制，具体的操作方法如下。

步骤 01 打开工作表，选中F3单元格，在"开始"选项卡中，单击"剪贴板"选项组中"复制"按钮。

步骤 02 按住Ctrl键，选择需要粘贴的单元格区域，单击"剪贴板"选项组中的"粘贴"下三角按钮，选择"公式"选项。

在上面介绍的4种复制公式的方法中，有2种是利用填充柄完成的。如果打开工作表发现没有填充柄，那我们该如何操作呢？下面介绍显示填充柄的方法。

步骤 01 打开工作表，单击"文件"标签，选择"选项"选项。

步骤 02 打开"Excel选项"对话框，选择"高级"选项，在右侧区域中勾选"启用填充柄和单元格拖放功能"复选框，然后单击"确定"按钮。

4.2 引用方式

单元格的引用在使用公式时起到非常重要的作用，Excel中单元格的引用方式有三种，分别是相对引用、绝对引用和混合引用。

4.2.1 相对引用

相对引用是基于包含公式和单元格引用的单元格的相对位置，即公式单元格位置发生改变，所引用的单元格位置也随之改变。

以"家电月销售报表"为例介绍相对引用的含义。

步骤 01 打开"家电月销售报表"工作表，在F3单元格中输入"=E3*D3"公式。

步骤 02 按下Enter键，显示出运算结果，然后将公式填充至F36单元格。

步骤 03 操作完成后，选中F4单元格，在编辑栏中公式为"=E4*D4"，可见引用的单元格发生了变化。

4.2.2 绝对引用

绝对引用是引用单元格位置不会随着公式的单元格的变化而变化，若多行或多列地复制或填充公式时，绝对引用也不会改变。

以"家电月销售报表"为例，每种商品的利润率为30%，计算出各商品的利润。

步骤 01 打开"家电月销售报表"工作表，在G列添加"销售利润"列。在H列添加"利润率"列，并输入利润率为30%。

办公助手 添加绝对值符号F4

在输入绝对引用公式时，我们可以直接在引用的单元格行号或列标前输入绝对引用符号$，或在公式中选择引用的行号列标，按下F4键，自动切换成绝对引用。

步骤02 选中G3单元格，输入"=F3*H3"公式。

步骤03 选择公式中"H3"，按1下F4功能键，变为"$H$3"，按Enter键执行计算，结果表示该商品的销售利润。

步骤04 查看G3单元格的计算结果，选中G3单元格，将光标移至单元格的右下角，变成十字形状时双击，复制公式至G36单元格。

步骤05 复制公式后，选中G4单元格，在编辑栏中公式为"=F4*$H$3"，可见绝对引用单元格H3没有改变。

由上面案例可以发现，绝对引用的单元格是不会跟随公式位置改变而改变的，引用的是绝对位置的单元格。

4.2.3 混合引用

混合引用是既包含相对引用又包含绝对引用的混合形式，混合引用具有绝对列和相对行，或绝对行和相对列。

下面以"家电销售折扣价格表"来详细介绍混合引用的应用。具体操作方法如下。

步骤01 打开"家电月销售报表"工作簿，切换至"家电销售折扣价格表"工作表，完成表格设置。

步骤02 选中D3单元格，输入"=C3*(1-B38)"公式。

步骤 03 选择公式中的"C3"，按3次F4键，变为"$C 3"。

步骤 04 单击公式中的"B38"，按2次F4功能键，变为"B$38"，按Enter键执行计算，结果表示该商品打3%折扣后的销售价格。

步骤 05 重新选中D3单元格，将光标置于D3单元格的右下角，待变成十字光标时按住左键向下拖至C10单元格。

步骤 06 选中E3单元格，在编辑栏中显示"=$C3*(1-C$38)"，公式中的"B$38"变为"C$38"，可见随着公式单元格的变化，相对的列在变化，绝对行没有变化。

步骤 07 选中D3:G3单元格区域，将光标移至区域的右下角，当光标变为黑色十字时双击。

步骤 08 填充完公式后，选中F4单元格，在编辑栏中显示公式为"=$C4*(1-D$38)"，可见相对列或相对行是发生变化的，而绝对列和绝对行是不发变化的。

办公助手 **混合引用结果**

从上面的混合引用结果可以看出：当列号前面加$符号时，无论复制到什么地方，列的引用保持不变，行的引用自动调整；当行号前面加$符号时，无论复制到什么地方，行的引用位置不变，列的引用自动调整。

4.3 引用其他工作表数据

前面章节介绍引用的数据都是在同一个工作表中，在使用函数时经常需要引用其他工作表的数据。本节将介绍引用同一工作簿中不同工作表中的数据和引用不同工作簿中工作表的数据的方法。

4.3.1 引用同一工作簿中不同工作表的数据

本小节主要介绍如何引用同一工作簿中不同工作表中的数据，下面将通过制作"家电销售折扣价格表"介绍引用不同工作表中数据的方法。

步骤 01 打开"家电月销售报表"工作簿，新建工作表并重命名，制作好表头和标题。

步骤 02 选中A3单元格并输入"=家电销售统计明细!B3"公式。

办公助手 引用同一工作簿中数据的格式

在同一工作簿中需要引用不同工作表中的数据时，统一格式为：工作表名称＋"！"＋单元格或单元格区域。

步骤 03 按Enter键，即可引用"家电销售统计明细"工作表中的B3单元格中的内容。

步骤 04 选择B3单元格，输入"＝"，切换至"家电销售统计明细"工作表，选中C3单元格，该单元格被滚动的虚线选中。

步骤 05 按Enter键，即可引用"家电销售统计明细"工作表中的C3单元格中的内容。

步骤06 根据上述方法，引用"家电销售统计明细"工作表中的E3单元格中的内容。

步骤07 选中A3:C3单元格区域，将公式填充至C36单元格。

4.3.2 引用不同工作簿中工作表的数据

本小节主要介绍引用不同工作簿中的数据，具体操作方法如下。

步骤01 打开"家电月销售报表"工作簿，新建工作表，并重命名，然后制作好表头和标题，打开"员工信息表"工作簿。

步骤02 选中B3单元格并输入"=VLOOKUP(A3,[员工信息表.xlsx]Sheet7!$B$3:$D$22,3,FALSE)"公式，按Enter键执行计算。

步骤03 选中B4单元格，输入"=VLOOKUP(A3,"选中员工信息表中B3:D22，此时该区域被滚动的虚线选中。

步骤04 返回工作表，完成公式，按Enter键执行计算并填充至B9单元格。

办公助手　**引用不同工作簿中数据的格式**

当需要引用不同工作簿中的数据时，若打开引用的工作簿，格式为：[工作簿名.xlsx]工作表名称＋"！"＋单元格或单元格区域。若不打开引用的工作簿，则格式为：引用工作簿的路径＋[工作簿名.xlsx]工作表名称＋"！"＋单元格或单元格区域。

4.4 数组公式及其应用

数组公式的本质是多重运算，通俗地说数组是指按照行或列排列的一组数据的集合。数组公式指可以在数组的一项或多项上执行计算，可返回一个或多个计算结果，数组公式对多个数据进行同时计算，从而使计算效果大幅度提高。

4.4.1 创建数组公式

数组公式其实并不神秘，因为它很便于理解，只是在普通函数公式中有单元格区域内的数值组参与计算，然后按快捷键Ctrl+Shift+Enter结束。

以"家电月销售报表"为例，利用数组公式计算出当月的总销售金额。

步骤01 打开"家电月销售报表"工作簿，切换至"创建数组公式"工作表，选中F4:F37单元格区域。

步骤02 输入"=C4:C37+D4:D37+E4: E37"公式，按下快捷键Ctrl+Shift+Enter。

步骤03 选中F38单元格，输入"=SUM(C4: C37+D4:D37+E4:E37)"公式，按下快捷键Ctrl+Shift+Enter。

步骤04 若按Enter键执行计算，则返回错误的结果。

4.4.2 使用数组公式的规则

前面介绍了数组公式，本小节将介绍数组的运算规则。下面将举例介绍数组的几种运算规则。

❶ 同方向一维数组之间的运算

同方向一维数组之间的运算要求两个数组具有相同的尺寸，然后进行相同元素的一一对应运算。如果运算的两个数组尺寸不一致，则仅两个数组都有元素的部分进行计算，其他部分返回错误值。

步骤01 打开"家电月销售报表"工作簿，切换至"同方向一维数组运算"工作表，选中F3:F36单元格区域。

步骤02 输入 "=E3:E36*D3:D36" 公式，按下快捷键Ctrl+Shift+Enter，完成操作，查看数组公式的计算结果。

❷ 单值与数组之间的运算

单值与数组的运算是该值分别和数组中的各个数值进行运算，最终返回与数组同方向同尺寸的结果数组。

在上一案例中，添加"利润"和"利润率"列，使用数组公式计算商品的利润。

步骤01 选中G3单元格，然后输入 "= F3:F36*H3)"公式。

步骤02 按下快捷键Ctrl+Shift+Enter，完成操作，查看通过数组计算的结果。

❸ 不同方向一维数组之间的运算

若两个不同方向的一维数组进行运算，其中一个数组中的各数值与另一数组中的各数值分别计算，返回一个矩形阵的结果。

步骤01 打开"银行商业贷款表"工作表，选中B6:F12单元格区域，然后输入 "=-PMT($B$3,B$2:F$2,$A6:$A12)/12"公式，输入公式时注意单元格的混合引用，其中包含A6:A12和B2:F2两个不同方向的数组。

步骤02 按下快捷键Ctrl+Shift+Enter，完成操作，查看通过数组计算的结果。

结果表示不同的贷款金额在不同的贷款年限时，每月还款的金额。

④ 一维数组与二维数组之间的运算

当一维数组与二维数组具有相同尺寸时，返回与二维数组一样特征的结果。

在"商品销售表"工作表中，统计华南和华北地区的各商品的销售数量，使用数组公式快速计算两个地区的各商品的销售额。

步骤 01 打开"商品销售表"工作表，选中F4:G37单元格区域，然后输入"=C4:C37*D4:E37"公式，其中包含C4:C37一维数组和D4:E37二维数组。

商品名称	商品型号	单价	销售数量		销售总金额	
			华南地区	华北地区	华南地区	华北地区
海尔电视	48x5	¥2,399.00	260	290	=C4:C37*D4:E37	
海尔空调	KFR-35GW	¥2,899.00	350	300		
海尔洗衣机	XQG70-B10866	¥1,899.00	326	265		
海尔冰箱	BCD-216SDN	¥1,799.00	290	350		
	32B73000	¥1,299.00	268	190		
海尔洗衣机	XQB70-LM1269	¥999.00	450	261		
海尔洗衣机	BCD-258WDPM	¥2,899.00	210	312		
海尔电视	LS55A51	¥3,799.00	120	98		
海尔空调	KFR-72LW	¥8,999.00	215	154		
海尔冰箱	EG8012B	¥2,699.00	150	200		
	LS42A51	¥2,599.00	150	100		
海尔空调	KFR-50LW	¥5,399.00	260	400		
海尔电视	40A3	¥1,999.00	200	180		
海尔冰箱	EG8012HB	¥2,999.00	100	120		
海尔冰箱	BCD-452WDPF	¥3,399.00	400	60		
海尔洗衣机	55A5J	¥3,799.00	180	180		
海尔电视	40DH6000	¥6,900.00	120	100		
海尔空调	KFR-33GW	¥1,999.00	60	98		
海尔空调	55A5	¥2,999.00	180	90		
海尔空调	KFR-72LW	¥4,999.00	100	80		
海尔洗衣机	XQC70-B1286	¥2,499.00	98	100		

步骤 02 按下快捷键Ctrl+Shift+Enter，完成操作，查看通过数组计算的结果。

商品名称	商品型号	单价	销售数量		销售总金额	
			华南地区	华北地区	华南地区	华北地区
海尔电视	48x5	¥2,399.00	260	290	¥623,740.00	¥695,710.00
海尔空调	KFR-35GW	¥2,899.00	350	300	¥1,014,650.00	¥869,700.00
海尔洗衣机	XQG70-B10866	¥1,899.00	326	265	¥619,074.00	¥503,235.00
海尔冰箱	BCD-216SDN	¥1,799.00	290	350	¥521,710.00	¥629,650.00
	32B73000	¥1,299.00	268	190	¥348,132.00	¥246,810.00
海尔洗衣机	XQB70-LM1269	¥999.00	450	261	¥449,550.00	¥260,739.00
海尔洗衣机	BCD-258WDPM	¥2,899.00	210	312	¥608,790.00	¥904,488.00
海尔电视	LS55A51	¥3,799.00	120	98	¥455,880.00	¥372,302.00
海尔空调	KFR-72LW	¥8,999.00	215	154	¥1,934,785.00	¥1,385,846.00
海尔冰箱	EG8012B	¥2,699.00	150	200	¥404,850.00	¥539,800.00
	LS42A51	¥2,599.00	150	100	¥389,850.00	¥259,900.00
海尔空调	KFR-50LW	¥5,399.00	260	400	¥1,403,740.00	¥2,159,600.00
海尔电视	40A3	¥1,999.00	200	180	¥399,800.00	¥359,820.00
海尔冰箱	EG8012HB	¥2,999.00	100	120	¥429,900.00	¥515,880.00
海尔冰箱	BCD-452WDPF	¥3,399.00	400	60	¥1,359,600.00	¥203,940.00
海尔洗衣机	55A5J	¥3,799.00	180	180	¥683,820.00	¥683,820.00
海尔电视	40DH6000	¥6,900.00	120	100	¥828,000.00	¥690,000.00
海尔空调	KFR-33GW	¥1,999.00	60	98	¥119,940.00	¥195,902.00
海尔空调	55A5	¥2,999.00	180	90	¥539,820.00	¥269,910.00
海尔空调	KFR-72LW	¥4,999.00	100	80	¥499,900.00	¥399,920.00
海尔洗衣机	XQC70-B1286	¥2,499.00	98	100	¥244,902.00	¥249,900.00

⑤ 二维数组之间的运算

两个二维数组运算按尺寸较小的数组的位置逐一进行对应的运算，返回结果的数组和较大尺寸的数组的特性一致。

在"上半年商品销售表"中分别统计出第一季度和第二季度的销售数量和销售单价，使用数组公式计算两个季度中各商品的销售金额。

步骤 01 打开"上半年商品销售表"工作表，选中H4:I37单元格区域，然后输入"=D4:E37*F4:G37"公式，其中包含D4:E37和F4:G37两个二维数组。

产品名称	单价	销售数量		销售单价		销售金额	
		第一季度	第二季度	5%	10%	第一季度	第二季度
海尔电视	¥2,399.00	260	290	¥2,279.05	¥2,159.10	=D4:E37*F4:G37	
海尔空调	¥2,899.00	350	300	¥2,754.05	¥2,609.10		
海尔洗衣机	¥1,899.00	326	265	¥1,804.05	¥1,709.10		
海尔冰箱	¥1,799.00	290	350	¥1,709.05	¥1,619.10		
	¥1,299.00	268	190	¥1,234.05	¥1,169.10		
海尔洗衣机	¥999.00	450	261	¥949.05	¥899.10		
海尔洗衣机	¥2,899.00	210	312	¥2,754.05	¥2,609.10		
海尔电视	¥3,799.00	120	98	¥3,609.05	¥3,419.10		
海尔空调	¥8,999.00	215	154	¥8,549.05	¥8,099.10		
海尔冰箱	¥2,699.00	150	200	¥2,564.05	¥2,429.10		
	¥2,599.00	150	100	¥2,469.05	¥2,339.10		
海尔空调	¥5,399.00	260	400	¥5,129.05	¥4,859.10		
海尔电视	¥1,999.00	200	180	¥1,899.05	¥1,799.10		
海尔冰箱	¥4,299.00	100	120	¥4,084.05	¥3,869.10		
海尔冰箱	¥3,399.00	400	60	¥3,229.05	¥3,059.10		
海尔洗衣机	¥3,799.00	180	180	¥3,609.05	¥3,419.10		
海尔电视	¥6,900.00	120	100	¥6,555.00	¥6,210.00		
海尔空调	¥1,999.00	60	98	¥1,899.05	¥1,799.10		
海尔空调	¥2,999.00	180	90	¥2,849.05	¥2,699.10		
海尔空调	¥4,999.00	100	80	¥4,749.05	¥4,499.10		
海尔洗衣机	¥2,499.00	98	100	¥2,374.05	¥2,249.10		

步骤 02 按下快捷键Ctrl+Shift+Enter，完成操作，查看通过数组计算的结果。

产品名称	单价	销售数量		销售单价		销售金额	
		第一季度	第二季度	5%	10%	第一季度	第二季度
海尔电视	¥2,399.00	260	290	¥2,279.05	¥2,159.10	¥592,553.00	¥626,139.00
海尔空调	¥2,899.00	350	300	¥2,754.05	¥2,609.10	¥963,917.50	¥782,730.00
海尔洗衣机	¥1,899.00	326	265	¥1,804.05	¥1,709.10	¥588,120.30	¥452,911.50
海尔冰箱	¥1,799.00	290	350	¥1,709.05	¥1,619.10	¥495,624.50	¥566,685.00
	¥1,299.00	268	190	¥1,234.05	¥1,169.10	¥330,725.40	¥222,129.00
海尔洗衣机	¥999.00	450	261	¥949.05	¥899.10	¥427,072.50	¥234,665.10
海尔洗衣机	¥2,899.00	210	312	¥2,754.05	¥2,609.10	¥578,350.50	¥814,039.20
海尔电视	¥3,799.00	120	98	¥3,609.05	¥3,419.10	¥433,086.00	¥335,071.80
海尔空调	¥8,999.00	215	154	¥8,549.05	¥8,099.10	¥1,838,045.75	¥1,247,261.40
海尔冰箱	¥2,699.00	150	200	¥2,564.05	¥2,429.10	¥384,607.50	¥485,820.00
	¥2,599.00	150	100	¥2,469.05	¥2,339.10	¥370,357.50	¥233,910.00
海尔空调	¥5,399.00	260	400	¥5,129.05	¥4,859.10	¥1,333,553.00	¥1,943,640.00
海尔电视	¥1,999.00	200	180	¥1,899.05	¥1,799.10	¥379,810.00	¥323,838.00
海尔冰箱	¥4,299.00	100	120	¥4,084.05	¥3,869.10	¥408,405.00	¥464,292.00
海尔冰箱	¥3,399.00	400	60	¥3,229.05	¥3,059.10	¥1,291,620.00	¥183,546.00
海尔洗衣机	¥3,799.00	180	180	¥3,609.05	¥3,419.10	¥649,629.00	¥615,438.00
海尔电视	¥6,900.00	120	100	¥6,555.00	¥6,210.00	¥786,600.00	¥621,000.00
海尔空调	¥1,999.00	60	98	¥1,899.05	¥1,799.10	¥113,943.00	¥176,311.80
海尔空调	¥2,999.00	180	90	¥2,849.05	¥2,699.10	¥512,829.00	¥242,919.00
海尔空调	¥4,999.00	100	80	¥4,749.05	¥4,499.10	¥474,905.00	¥359,928.00
海尔洗衣机	¥2,499.00	98	100	¥2,374.05	¥2,249.10	¥232,656.90	¥224,910.00
海尔冰箱	¥3,699.00	100	120	¥3,514.05	¥3,329.10	¥316,264.50	¥399,492.00
海尔空调	¥6,480.00	80	90	¥6,156.00	¥5,832.00	¥492,480.00	¥524,880.00

4.4.3 使用数组公式的原则

首先介绍一下输入数组公式的语法，输入数组公式也是以"="开头，Excel内置的大部分函数可以在数据公式中使用。

使用数组公式与公式主要不同之处在于，必须按快捷键Ctrl+Shift+Enter执行计算，系统自动用大括号"{}"将数组公式括起来。如果用户手动输入大括号，公式将转换为文本，不能返回结果。上一小节介绍了单个单元格数组公式和多个单元格数组公式，当然在输入数组公式时需要遵循一定的原则。

- 在输入数组公式之前，必须选择用于保存结果的单元格或单元格区域；
- 使用多个单元格数组公式时，不能更改数组公式中单个单元格的内容；

● 不能向多个单元格数组公式中插入空白单元格或删除其中的部分单元格；

● 可以移动或删除整个数组公式，但是不能移动或删除部分内容。

4.4.4 编辑数组公式

上一小节介绍了使用数组公式的原则，当我们需要对数组公式进行编辑时，那该如何操作呢？其实数组公式的编辑和公式的编辑方法类似，下面将介绍在不同情况下如何对数组公式进行编辑。

首先，我们将要介绍单个单元格数组公式的编辑方法。在"家电销售统计明细"工作表中，将F37单元格中的求各数组公式改为求平均值数组公式。

步骤01 打开工作表，选中F37单元格，按F2功能键，此时该数组公式进入编辑状态，然后将SUM函数修改为AVERAGE函数。

步骤02 按下快捷键Ctrl+Shift+Enter，完成操作，查看数组公式的计算结果。

在"家电销售统计明细"工作表中，各产品的利润率为30%，要求在"销售金额"列计算出产品的利润。

步骤01 打开工作表，将"销售金额"改为"销售利润"，添加"利润率"列，并在G3单元格输入30%。

步骤02 选中F3:F36单元格区域，单击编辑栏中数组公式并进行编辑状态。

步骤03 将数组公式"=E3:E36*D3:D36"修改为"=E3:E36*D3:D36*G3"。

步骤04 按下快捷键Ctrl+Shift+Enter，完成操作，查看数组公式的计算结果。

4.5 函数的应用

Excel中的函数就是预定义的公式，对一个或多个值进行运算，并且返回一个或多个值，使用函数可以简化和缩短工作表中的公式。在公式中灵活地使用函数，可以极大地提高公式解决问题的能力。

4.5.1 函数的类型

函数是指Excel中内置的函数，包括13类，例如数学与三角函数、文本函数、逻辑函数和日期与时间函数。下面将详细介绍各种函数。

❶ 财务函数

财务函数可以进行一般的财务计算，如FV、PMT、PV以及DB函数等。下面以PV函数为例介绍财务函数的应用。

某企业初期投资金额为100万，投资回报率为15%，投资期限为8年，每月3.6万的投资收入，判断该项目是否值得投资。

步骤01 打开"投资分析"工作表，选中B4单元格，输入"=PV(B3/12,C3,-D3)"公式，按Enter键执行计算。

步骤02 选中D4单元格并输入"=IF(B4>A3,"可以投资","不可以投资")"公式。

步骤03 按Enter键执行计算，查看使用PV函数判断该项目是否可以投资的结果。

❷ 日期与时间函数

通过使用日期与时间函数，可以在公式中分析处理日期值和时间值，如YEAR、TODAY、DATE、DAYS360函数等。

以"员工信息表"为例，使用DAYS360函数计算员工工龄。

步骤01 打开"员工信息表"工作表，选中I3单元格，并输入"=FLOOR(DAYS360(H3, TODAY())/365,1)"公式。

步骤02 按下Enter键执行计算，将公式填充至I22单元格。

❸ 数学与三角函数

通过使用数学与三角函数，可以处理简单的计算，如QUOTIENT、SUM、SUMIF、RAND函数等。

以"预算分析"工作表为例，使用QUOTIENT函数计算预计购买产品的数量，因为数量是整数，所以使用QUOTIENT函数计算数量。

步骤01 打开"预算分析"工作表，选中D3单元格，并输入"=QUOTIENT(B3,C3)"公式。

	A	B	C	D	E	F
1	下半年办公用品预算					
2	预购买产品	预算金额	产品单价	预购买数量		
3	多功能一体机	¥26,000.00	¥5,	=QUOTIENT(B3,C3)		
4	打印机	¥35,000.00	¥2,000.00			
5	传真机	¥28,000.00	¥1,900.00			
6	商务投影机	¥100,000.00	¥39,000.00			
7	幕布	¥12,000.00	¥1,500.00			
8	吊架	¥7,000.00	¥680.00			
9	点钞机	¥1,200.00	¥560.00			
10	碎纸机	¥32,000.00	¥2,100.00			
11	考勤机	¥2,900.00	¥780.00			
12	保险柜	¥10,000.00	¥9,800.00			
13	白板	¥500.00	¥120.00			
14	打印纸	¥230.00	¥15.00			
15	复印纸	¥500.00	¥25.00			
16	收银纸	¥250.00	¥45.00			
17	凭证					

步骤02 按Enter键执行计算，将D3单元格内的公式填充至D20单元格，查看计算购买产品数量的结果。

	A	B	C	D	E	F
1	下半年办公用品预算					
2	预购买产品	预算金额	产品单价	预购买数量		
3	多功能一体机	¥26,000.00	¥5,000.00	5		
4	打印机	¥35,000.00	¥2,000.00	17		
5	传真机	¥28,000.00	¥1,900.00	14		
6	商务投影机	¥100,000.00	¥39,000.00	2		
7	幕布	¥12,000.00	¥1,500.00	8		
8	吊架	¥7,000.00	¥680.00	10		
9	点钞机	¥1,200.00	¥560.00	2		
10	碎纸机	¥32,000.00	¥2,100.00	15		
11	考勤机	¥2,900.00	¥780.00	3		
12	保险柜	¥10,000.00	¥9,800.00	1		
13	白板	¥500.00	¥120.00	4		
14	打印纸	¥2,000.00	¥120.00	16		
15	复印纸	¥230.00	¥15.00	15		
16	收银纸	¥500.00	¥25.00	20		
17	凭证	¥250.00	¥45.00	5		
18	账本	¥300.00	¥45.00	6		
19	笔筒	¥200.00	¥10.00	20		
20	圆珠笔	¥300.00	¥20.00	15		

❹ 统计函数

统计函数用于对数据区域进行统计分析，如AVERAGE、COUNTIF、COUNT、MAX、MIN函数等。

以"家电月销售报表"为例，使用MAX函数计算出海尔家电各产品的总销售额最大的值。

步骤01 打开"家电月销售报表"工作簿，选中I7单元格并输入"=MAX(I3:I6)"公式。

	G	H	I	J	K
1		本周家电销售排名			
2		产品名称	总销售额	排名	
3		海尔电视	¥4,298,731	2	
4		海尔空调	¥8,274,972	1	
5		海尔洗衣机	¥2,986,522	3	
6		海尔冰箱	¥2,152,180	4	
7		最大值	=MAX(I3:I6)		
8					
9					

步骤02 按Enter键执行计算，结果显示最大的总销售额。

	G	H	I	J	K
1		本周家电销售排名			
2		产品名称	总销售额	排名	
3		海尔电视	¥4,298,731	2	
4		海尔空调	¥8,274,972	1	
5		海尔洗衣机	¥2,986,522	3	
6		海尔冰箱	¥2,152,180	4	
7		最大值	¥8,274,972		
8					

❺ 查找与引用函数

使用查找与引用函数查找数据清单或表格中特定数值，或者查找某一单元格的引用，如CHOOSE、INDEX、LOOKUP、MATCH、OFFSET函数等。

以"产品热销榜"为例，使用查找与引用函数制作产品热销榜。

步骤01 打开"产品热销榜"工作表，选中G3单元格并输入"=INDEX($A$3:$A$15,MATCH(LARGE($E$3:$E$15,ROW($A1)),$E$3:$E$15,0))"公式。

步骤02 按Enter键执行计算，并将公式填充至G15单元格。

步骤03 选中H3单元格并输入"=VLOOKUP(K3,$A$3:$E$15,5,FALSE)"公式。

步骤04 按Enter键执行计算，并将公式填充至H15单元格。

6 数据库函数

使用数据库函数分析数据清单中的数值是否符合特定条件，如DAVERAGE、DCOUNT、DMAX函数等。以"家电销售统计明细"工作表为例，使用DAVERAGE函数计算海尔电视的平均销售额。

步骤01 打开"家电销售统计明细"工作表，选中I3单元格并输入"=DAVERAGE(A2:F36,F2,H2:H3)"公式。

步骤02 按Enter键执行计算，查看海尔电视的销售金额的平均值。

7 文本函数

使用文本函数在公式中处理文字串，如FIND、LEFT、LEN、RIGHT函数等。

以"员工信息表"工作表为例，用MID函数根据身份证号码计算员工的出生日期。

步骤01 打开"员工信息表"工作表，选中K3单元格并输入"=MID(I3,7,4)&"-"&MID(I3,11,2)&"-"&MID(I3,13,2)"公式。

步骤02 按Enter键执行计算，并将公式填充至K22单元格。

⑧ 逻辑函数

使用逻辑函数可以进行真假值的判断，如AND、FALSE、IF、OR函数等。

以"销售任务统计表"工作表为例，用IF和AND函数统计员工销售任务完成情况。

步骤01 打开"销售任务统计表"工作表，选中H3单元格，并输入"=IF(AND(F3>=150000,G3>=60000),"完成","未完成")"公式，按Enter键执行计算。

步骤02 将公式填充至H22单元格，查看员工销售任务完成情况。

⑨ 逻辑函数

使用信息函数确定存储在单元格中的数据的类型，如CELL、TYPE函数等。

以"员工信息表"工作表为例，使用ISEVEN信息根据身份证号码判断性别。

步骤01 打开"员工信息表"工作表，选中L3单元格，并输入"=IF(ISEVEN(MID(I3,17,1))=TRUE,"女","男")"公式。

步骤02 按Enter键执行计算，将公式填充至L22单元格，查看员工性别情况。

⑩ 工程函数

使用工程函数用于工程分析。工程函数大多数分为三种类型：在不同的数字进制系统间转换、对复数进行处理和在不同的度量系统中进行转换。

以"工程函数的应用"工作表为例，使用BIN2DEC函数将二进制转换为十进制。

步骤01 打开"工程函数的应用"工作表，选中B3单元格，并输入"=BIN2DEC(A3)"公式。

步骤 02 按Enter键执行计算，将公式填充至B8单元格，查看将二进制转换为十进制后的效果。

4.5.2 输入函数

函数的应用非常重要，但是正确地输入函数是使用函数的前提。下面介绍输入函数的几种方法。

（1）方法1：功能区按钮法

步骤 01 打开"家电月销售报表"工作表，选中需要输入公式的单元格，选择I7单元格。

步骤 02 切换至"公式"选项卡，单击"函数库"选项组中的"插入函数"按钮。

步骤 03 打开"插入函数"对话框，单击"或选择类别"下三角按钮，选择"数学与三角函数"选项，在"选择函数"区域选择SUM，单击"确定"按钮。

步骤 04 打开"函数参数"对话框，单击Number1右侧的折叠按钮。

步骤 05 返回工作表中，可以发现在I7单元格内已经输入了函数"=SUM()"，然后选中需要求各的单元格区域，此处选择I3:I6单元格区域，然后单击折叠按钮，返回"函数参数"对话框。

步骤 06 在打开的对话框中单击"确定"按钮，返回工作表中查看最终效果。

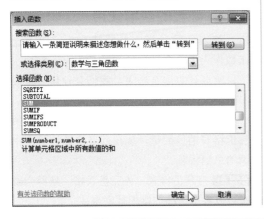

（2）方法2：单击"插入函数"按钮

步骤 01 打开工作表，选中I7单元格，单击编辑栏左侧的"插入函数"按钮。

步骤 02 打开"插入函数"对话框，选择SUM选项，单击"确定"按钮。

步骤 03 打开"函数参数"对话框，单击Number1右侧折叠按钮，返回工作表中选中引用的单元格区域。

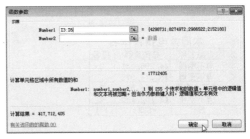

步骤 04 在打开的对话框中单击"确定"按钮，返回工作表中查看最终效果。

（3）方法3：直接输入法

步骤 01 打开工作表，选中需要输入公式的单元格，此处选择I7单元格。

步骤 02 输入"=SUM("，先输入"="等号，然后再输入函数名和左括号。

步骤03 继续输入引用的单元格区域，输入I3:I6，最后输入右括号，引用的单元格区域就被选中了。

步骤04 按Enter键，或者单击"输入"按钮，执行计算。

（4）方法4：使用函数库插入函数

在"公式"选项卡的"函数库"选项组中提供了财务、逻辑、文本、日期和时间、查找与引用、数学和三角函数，只需单击下三角按钮选择需要的函数即可。

步骤01 打开工作表，选中需要输入公式的单元格，此处选择I7单元格。

步骤02 切换至"公式"选项卡，单击"函数库"选项组中"数学和三角函数"下三角按钮，在下拉列表中选择SUM函数。

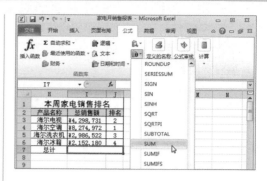

步骤03 弹出"函数参数"对话框，单击Number1右侧的折叠按钮，返回工作表中选中引用的单元格区域。

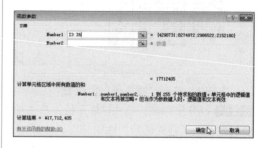

步骤04 单击"确定"按钮，返回工作表中查看最终结果。

4.5.3 函数的嵌套使用

嵌套函数是指在某些情况下，将一个函数作为另一个函数的参数使用。通常情况下，需要计算出某结果，我们会使用一个或多个函数才能完成。

两个表格分别统计出各个型号空调的销售价格和销售数量，现在需要快速计算出空调的总销售额。

步骤01 打开工作表，先完善表格，从两个表格可以看出商品的排列顺序很乱。

4.5.4 修改函数

修改函数和前面介绍的修改公式一样。用户可以修改使用的函数，也可以修改引用的区域。

步骤01 打开工作表，双击需要修改函数的单元格，然后修改函数即可，将I7单元格中的求各函数修改为求平均值函数，修改完成后按Enter键执行计算。

步骤02 选中C17单元格，并输入公式"=SUMPRODUCT(N(OFFSET($C$2,MATCH($E$3:$E$15,$A$3:$A$15,0),)),G3:G15)"。

步骤02 打开"修改函数"工作表，将求空调和热水器的总销售额修改为求电视机和洗衣机总销售额。

步骤03 按Enter键执行计算，即可查看使用嵌套函数计算出的销售总额。

步骤03 按Enter键执行计算，查看修改函数后的计算结果。

办公助手 函数公式说明

在步骤2中的公式"=SUMPRODUCT(N (OFFSET($C$2,MATCH($E$3:$E$15,$A$3:$A$15,0),)),G3:G15)"，首先用MATCH函数对两个表格中的商品名称进行匹配；然后用OFFSET函数将匹配的结果引用的单价和数量相乘；最后使用SUMPRODUCT函数对相乘的结果进行汇总。

4.6 常用函数的使用

Excel中函数的类型很多，基本上满足了各个方面的应用。函数如此之多，我们学习起来是相当困难的，其实我们只要熟练掌握的只有一些常用的函数。

4.6.1 SUM函数

SUM函数是求和函数。该函数也是Excel中使用最为频繁的函数之一。

步骤01 打开工作表，在F37单元格中计算所有商品的总销售额，首先完善表格。

	B	C	D	E	F
1	5月家电销售统计明细				
2	商品名称	商品型号	销售数量	销售单价	销售金额
24	海尔冰箱	BCD-571WDPF	100	¥3,699.00	¥369,900.00
25	海尔空调	KFRd-72N	100	¥6,480.00	¥648,000.00
26	海尔电视	65K5	80	¥5,999.00	¥479,920.00
27	海尔空调	KF-23GW	300	¥1,699.00	¥509,700.00
28	海尔洗衣机	XQB75-KS828	230	¥1,599.00	¥367,770.00
29	海尔冰箱	BCD-118TMPA	150	¥1,099.00	¥164,850.00
30	海尔洗衣机	HMS70BZ	190	¥2,899.00	¥550,810.00
31	海尔空调	KFR-72GW	90	¥5,999.00	¥539,910.00
32	海尔电视	LE48A7000	59	¥5,199.00	¥306,741.00
33	海尔电视	LE55A7000	100	¥5,999.00	¥599,900.00
34	海尔空调	RFC335MXS	50	¥65,880.00	¥3,294,000.00
35	海尔冰箱	BCD-648WDBE	90	¥4,399.00	¥395,910.00
36	海尔空调	KFR-50GW	30	¥4,999.00	¥149,970.00
37					总销售额

步骤02 选中F37单元格，单击编辑栏左侧的"插入函数"按钮。

步骤03 打开"插入函数"对话框，在"或选择类别"下拉列表中选择"常用函数"选项，在"选择函数"区域选择SUM。

步骤04 单击"确定"按钮，弹出"函数参数"对话框，在Number1文本框中输入F3:F36。

步骤05 单击"确定"按钮，返回工作表中查看计算总销售额的结果。

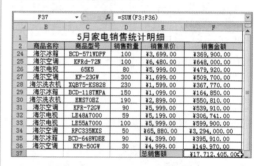

办公助手 SUM函数简介

SUM函数是将指定为参数的所有数字相加。

语法格式：SUM(number1,[number2],)

其中number1参数是必需的，为相加的第1个数值参数，number2是可选的，表示相加的第2个数值参数，最多为255个参数。

4.6.2 AVERAGE函数

AVERAGE函数是求平均值函数。该函数的参数可以是常量，也可是表格中包含数字的区域。

步骤01 打开"家电月销售报表"工作表，在F38单元格中计算所有商品销售额的平均值，首先完善表格。

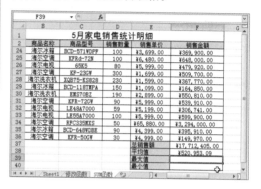

4.6.3 MAX/MIN函数

MAX/MIN函数是求最大值/最小值函数。下面将介绍该函数的应用。

步骤 01 打开"家电月销售报表"工作表，在F39和F40单元格中计算所有商品销售额的最大值和最小值，先完善表格。

步骤 02 选中F39单元格，然后输入"=MAX(F3:F36)"公式，按Enter键执行计算。

步骤 02 选中F38单元格，输入"=AVERAGE(F3:F36)"公式，按Enter键执行计算。

步骤 03 返回工作表中查看求商品平均销售金额的结果。

步骤 03 选中F40单元格，然后输入"=MIN(F3:F36)"公式，按Enter键执行计算。

办公助手　AVERAGE函数简介

AVERAGE函数是求指定参数的平均值。

语法格式：AVERAGE(number1,[number2],)

其中number1参数是必需的，为计算平均值的第1个数值参数，number2是可选的，表示求平均值的第2个数值参数，最多为255个数值参数。

步骤 04 返回工作表中，查看计算最大值和最小值的结果。

办公助手 MAX/MIN函数简介

MAX/MIN函数是求指定参数中的最大值和最小值。

语法格式：MAX/MIN(number1,[number2],)

其中number1参数是必需的，为找出最大值或最小值的第1个数值参数，number2是可选的，表示找出最大值或最小值的第2个数值参数，最多为255个数值参数。

4.6.4 SUMIF函数

SUMIF函数是一个条件求和函数。就是求和的参数必须满足某条件。

在"家电月销售统计明细"中根据商品名称汇总销售金额，即计算出满足商品名称的销售总额。

步骤 01 打开"家电月销售报表"工作表，在H1:I6单元格区域中完善表格，并输入各商品名称。

步骤 02 选中I3单元格，然后输入"=SUMIF($B$3:$B$36,H3,$F$3:$F$36)"公式。

步骤 03 按Enter键执行计算，结果表示对满足商品名称为"海尔电视"进行销售金额的汇总。

步骤 04 将公式填充至I6单元格，查看所有商品的汇总结果。

办公助手 SUMIF函数简介

SUMIF函数是对指定区域中满足指定条件的值进行求和。

语法格式：SUMIF(range,criteria,[sum_range])

其中range参数是必需的，表示用于条件计算的区域；criteria是必需的，表示求和的条件；sum_range是可选的，表示求和区域。

4.6.5 RANK函数

RANK函数是排名函数。下面介绍使用RANK函数对商品按照销售总额进行排名。

步骤01 打开"家电月销售报表"工作表，完善表格。

步骤02 选中J3单元格，然后输入"=RANK(I3,$I$3:$I$6)"公式。

步骤03 按Enter键执行计算，将公式填充至J6单元格，查看排名结果。

4.6.6 IF函数

IF函数是逻辑函数中比较重要的函数之一。下面介绍IF函数的使用方法。

步骤01 打开"家电月销售报表"工作表，完善表格。

步骤02 选中G3单元格，然后输入"=IF(D3<90,"销售过少",IF(D3>200,"销售过量","销售正常"))"公式。

步骤03 按Enter键执行计算，将公式填充至G36单元格，查看结果。

读书笔记

Chapter 05

制作学生会考成绩表

本章概述

Excel最重要的功能在于数据分析与处理，通过Excel提供的数据管理功能，可以大大简化分析与处理复杂数据的工作，有效地提高工作效率。本章将通过分析学生会考成绩报表，讲解Excel数据排序、筛选、条件格式、分类汇总和合并计算等功能的应用方法与技巧。

本章要点

对数据进行多条件排序

对数据进行高级筛选

使用条件格式突出显示指定数据

数据条、色阶和图标集的应用

对数据进行分类汇总

对数据进行合并计算

5.1 数据的排序

在进行数据的分析和处理时，对数据进行排序是最基本的操作之一，将数据按照一定规则排序，可以方便地查看与比较数据。Excel中的数据排序是根据数值或数据类型来进行的，本节将详细介绍数据排序的方法。

5.1.1 快速排序

快速排序是按照Excel默认的升序或降序规律对数据进行排序的方法，排序条件单一，操作方法简单。

❶ 对数据进行升序排序

升序排序是将数据按照从小到大或从低到高的顺序进行排列，具体操作方法如下。

步骤01 打开"学生会考成绩表"工作簿后，选中要进行排序的"总分"列的任意单元格，切换至"数据"选项卡，单击"排序和筛选"选项组中的"升序"按钮。

步骤02 这时可以看到，"总分"列的数据已经按照从小到大的顺序进行排列了。

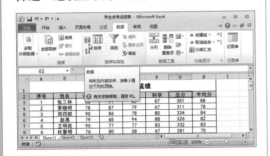

❷ 对数据进行降序排序

降序排序是将数据按照从大到小或从高到低的顺序进行排列，具体操作方法如下。

步骤01 打开"学生会考成绩表"工作簿后，选中要进行排序的"总分"列的任意单元格，切换至"数据"选项卡，单击"排序和筛选"选项组中的"降序"按钮。

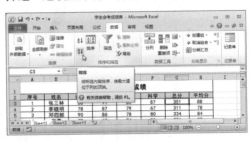

步骤02 这时可以看到，"总分"列的数据已经按照从大到小的顺序进行排列了。

办公助手　对数据进行排序的其他方法

在"开始"选项卡下的"编辑"选项组中单击"排序和筛选"下三角按钮，选择"升序"或"降序"选项，即可排序。

5.1.2 多条件组合排序

多条件组合排序就是按照多个关键字进行排序的方法，下面介绍具体操作方法。

步骤01 打开"学生会考成绩表"工作簿后，切换至"数据"选项卡，在"排序和筛选"选项组中单击"排序"按钮。

步骤02 在打开的"排序"对话框中设置"主要关键字"、"排序依据"和"次序"等排序条件。

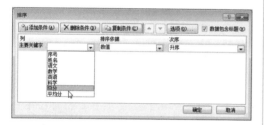

步骤03 单击"添加条件"按钮，设置次要关键字的排序条件。

步骤04 单击"确定"按钮，返回工作表中查看对会考成绩中的"总分"与"平均分"进行升序排序后的效果。

5.1.3 让序号不参与排序

在我们的数据报表中有"序号"列时，如果重新排序，"序号"列中的数字顺序也随之变化，须手工重新修改才能不改变原来的状态，那么如何让序号不参加排序呢？具体操作方法如下。

步骤01 首先选中要进行排序列的所有数据，切换至"数据"选项卡，在"排序和筛选"选项组中单击"升序"按钮。

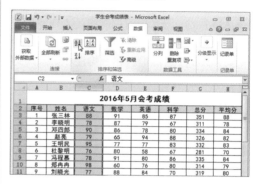

步骤02 在弹出的"排序提醒"对话框中选中"以当前选定区域排序"单选按钮，然后单击"排序"按钮。

步骤03 这时可以看到，A列的序号不变，Excel只对C列的数据进行升序排序了。

5.2 数据的特殊排序

除了前面介绍的数据排序的常规方法外，我们还可以根据实际需要，对数据进行特殊排序，例如按拼音首字母排序、按笔画排序、按行排序等等，本节将进行详细的介绍。

5.2.1 按拼音首字母进行排序

在进行会考成绩排序时，我们除了可以按升序、降序进行排列，为了便于同学们快速找到自己的成绩，我们还可以按照姓名的首字母进行排序，具体操作方法如下。

步骤01 打开"学生会考成绩表"工作簿后，选中除了"序号"列外的所有排序数据，切换至"数据"选项卡，在"排序和筛选"选项组中单击"排序"按钮。

步骤04 返回"排序"对话框中单击"确定"按钮。返回工作表，可以看到数据已经按照汉字的拼音首字母进行排序了。

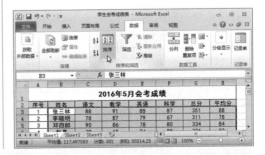

5.2.2 按笔划排序

对姓名进行排序时，除了按照拼音首字母的顺序进行排列外，我们还可以按照汉字笔划进行排序，具体操作方法如下。

步骤01 选中除了"序号"列外的所有排序数据后，单击"排序和筛选"选项组中的"排序"按钮。

步骤02 在打开的"排序"对话框中设置"主要关键字"为"姓名"，设置"次序"为"升序"，然后单击"选项"按钮。

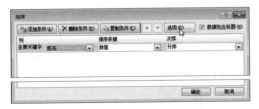

步骤03 弹出"排序选项"对话框，在"方法"区域中选中"字母排序"单选按钮，单击"确定"按钮。

步骤 02 在打开的"排序"对话框中设置"主要关键字"为"姓名"，设置"次序"为"升序"，然后单击"选项"按钮。

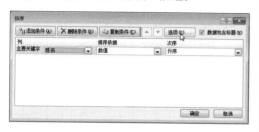

步骤 03 弹出"排序选项"对话框，在"方法"区域中选中"笔划排序"单选按钮，单击"确定"按钮。

步骤 04 返回"排序"对话框中单击"确定"按钮。返回工作表，可以看到"姓名"列中的单元格已经按汉字笔划进行排列了。

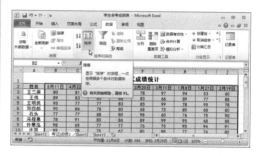

办公助手　笔划排序的规则

❶ 首先按姓的笔划数进行排序。"升序"即笔划数少的在前，笔划数多的在后，"降序"与之相反。

❷ 笔划数相同时，按起笔来排序，一般是横、竖、撇、点、折的顺序（实际上，这一点Excel 2010并没有完全执行，而是按其内码顺序来排序的）。

❸ 同姓的时候，按姓后第一个字进行排序。

5.2.3 按行排序

很多人认为Excel只能按列进行排序，实际上对于一些同时具备行列标题的二维表格，Excel 2010不但能按列排序，也能够按行排序，具体的操作步骤如下。

步骤 01 打开"学生会考成绩表"工作簿后，选中需要排序的单元格区域，切换至"数据"选项卡，在"排序和筛选"选项组中单击"排序"按钮。

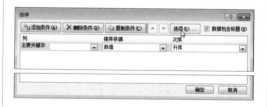

步骤 02 在打开的"排序"对话框中单击"选项"按钮。

步骤 03 弹出"排序选项"对话框，在"方向"区域中选中"按行排序"单选按钮，单击"确定"按钮。

步骤 04 返回"排序"对话框后，原来的按"列"排序已经改为按"行"排序，然后设置"主要关键字"为"行2"，"排序依据"为"数据"，"次序"为"升序"。

步骤05 单击"确定"按钮，返回工作表中查看按行排序的结果。

步骤03 将I3单元格中的公式复制到I45单元格后，查看排名效果。

5.2.4 用函数进行排序

当我们需要对会考成绩进行排名时，可以使用RANK函数计算一个数值在一组数值中的排位，下面介绍具体操作方法。

步骤01 打开"学生会考成绩表"工作簿后，在表格后面添加"排名"列，然后选中I3单元格。

步骤02 输入会考成绩排序的计算公式：=RANK(G3,$G$3:$G$45,0)，按下Enter键。

办公助手 RANK()函数的语法结构

该函数用于计算一个数值在一组数值中的排名。

语法结构：RANK (number,ref,order)

Number：为需要计算排名的数值，或者数值所在的单元格。Ref：将计算数值在此区域中的排名，可以为单元格区域引用或区域名称。Order：指定排名的方式，1表示升序，0表示降序。如果省略此参数，则采用降序排名。如果指定0以外的数值，则采用升序方式，如果指定数值以外的文本，则返回错误值#VALUE!

5.2.5 自定义排序

在排序时，如果需要按照特定的类别顺序进行排序，我们可以创建自定义排序，按照自定义的序列进行数据的排序，下面介绍具体操作方法。

步骤01 打开"学生会考成绩表"工作簿后，选中B列数据并右击，在弹出的快捷菜单中执行"插入"命令。

步骤 02 可看到Excel插入了一个新列，我们在新插入的列中输入各个学生的学校名称。

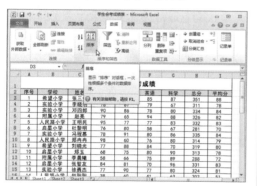

步骤 03 单击"会考成绩表"中的任意单元格，切换至"数据"选项卡，在"排序和筛选"选项组中单击"排序"按钮。

步骤 04 在打开的"排序"对话框中，单击"主要关键字"下三角按钮，选择"学校"选项。然后单击"次序"下三角按钮，选择"自定义"选项。

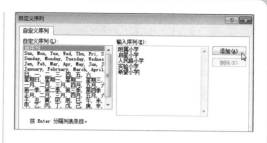

步骤 05 弹出"自定义序列"对话框，在"输入序列"列表框中输入自定义序列内容后，单击"添加"按钮。

步骤 06 这时可看到"自定义序列"列表框中显示输入的序列内容，单击"确定"按钮。

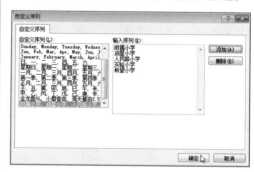

步骤 07 在"排序"对话框中可以看到，"序列"的排序方式为我们刚刚设置的自定义顺序，单击"确定"按钮。

步骤 08 返回工作表中，可以看到会考成绩已经按设置的学校顺序进行排列了。

5.3 数据的筛选

应用Excel 2010的数据筛选功能，可以在庞大繁琐的数据中快速找出符合条件的数据。该功能主要用于将数据清单中满足条件的数据单独显示出来，将不满足条件的数据暂时隐藏，本节将对数据的筛选功能进行介绍。

5.3.1 自动筛选

自动筛选是简单条件的筛选，不需要我们进行筛选条件的设置，是Excel自动提供的筛选方式，具体操作方法如下。

步骤01 打开"自动筛选"工作簿，选中"会考成绩表"中的任意单元格，切换至"数据"选项卡，单击"排序和筛选"选项组中的"筛选"按钮。

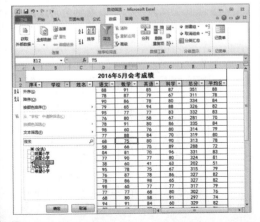

步骤02 这时可以看到，"筛选"按钮已经激活，并且表格中各字段右侧显示了下三角按钮。单击"学校"字段下三角按钮，取消勾选"全选"复选框后，勾选"人民路小学"复选框。

步骤03 单击"确定"按钮，可以看到工作表中的数据已经进行了筛选，只显示和人民路小学有关的数据。

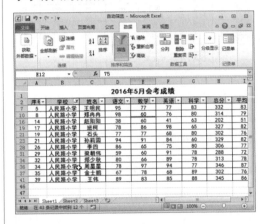

步骤04 单击"排序和筛选"选项组中的"清除"按钮，即可清除当前的数据筛选范围。

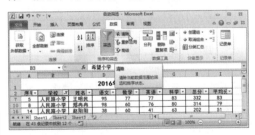

步骤05 进行操作后，数据筛选的结果就显示出来了，我们可以看到将数据清单中满足条件的数据单独显示出来的效果。

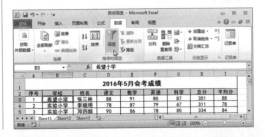

5.3.2　自定义筛选

自定义筛选提供了多条件自定义筛选的方法，应用自定义筛选我们可以更加灵活地筛选数据，具体操作方法如下。

步骤01 打开"自动筛选"工作簿，选中"会考成绩表"中的任意单元格，切换至"数据"选项卡，单击"排序和筛选"选项组中的"筛选"按钮。

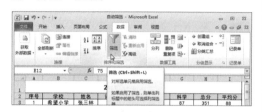

步骤02 这时可以看到，"筛选"按钮已经激活，并且表格中各字段右侧显示了下三角按钮。单击"平均分"字段下三角按钮，选择"数字筛选>自定义筛选"选项。

步骤03 打开"自定义自动筛选方式"对话框，在"平均分"选项区域中，单击第一个下三角按钮，选择"小于"选项，在后面的数值框中输入60。

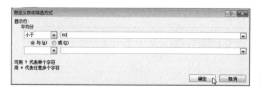

步骤04 单击"确定"按钮，返回工作表中查看本次考试平均成绩小于60分的数据。

办公助手　自定义筛选条件

在"自定义自动筛选方式"对话框中，可以设置两个筛选条件，如果选择"与"条件，则需要同时满足两个条件；如果选择"或"条件，则满足任意一个条件即可。

5.3.3　高级筛选

Excel 2010的筛选功能非常强大，除了上面介绍的自动筛选之外，我们还可以应用高级筛选功能进行更复杂的筛选操作。下面介绍应用高级筛选功能筛选人民路小学本次会考四科成绩均在90分以上学生的名单，具体操作方法如下。

步骤01 打开"自动筛选"工作簿，在表格前面插入几行空行，输入所需的筛选条件。

步骤02 单击"会考成绩表"中的任意单元格，切换至"数据"选项卡，单击"排序和筛选"选项组中的"高级"按钮。

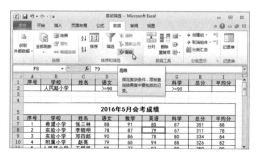

步骤03 在打开的"高级筛选"对话框中，保持"列表区域"中的默认位置，单击"条件区域"右侧的折叠按钮。

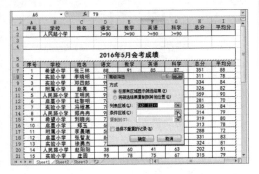

步骤04 在工作表中选择之前设置筛选条件的单元格区域后，再次单击折叠按钮，返回"高级筛选"对话框。

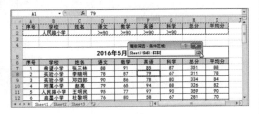

步骤05 在"高级筛选"对话框中单击"确定"按钮，返回工作表中。

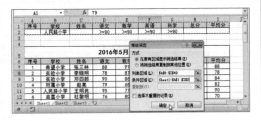

步骤06 这时可看到，工作表中的数据已进行了高级筛选，根据设置的筛选条件显示了4科考试成绩均大于或等于90分的学生名单。

5.3.4 输出筛选结果

一般情况下，筛选结果是自动显示在原有单元格区域中的。我们也可以根据实际情况，将筛选的结果输出到指定的位置。

步骤01 按照前面高级筛选的方法，输入高级筛选条件，然后切换至"数据"选项卡，单击"排序和筛选"选项组中"高级"按钮，打开"高级筛选"对话框。

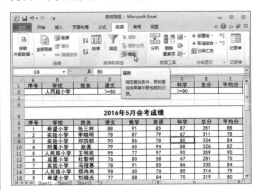

步骤02 在"方式"区域，选中"将筛选结果复制到其他位置"单选按钮，这时"复制到"选项激活，单击其右侧的折叠按钮，选择要将筛选结果输出到的区域。

步骤03 单击"确定"按钮，返回工作表中查看效果。

5.4　条件格式的应用

在Excel 2010中，我们可以为工作表中的某些单元格区域设置条件，使符合条件的单元格数据突出显示，使想要查看的数据更加醒目，便于查找。本节将为大家介绍条件格式的应用，包括突出显示特定单元格以及数据条、色阶和图标集的应用等。

5.4.1　突出显示指定条件的单元格

我们可以应用条件格式来突出显示所关注的单元格，比如，我们可以突出显示本次会考成绩中分数小于60分的单元格，具体操作方法如下。

步骤01 打开"学生会考成绩表"工作簿，选中D3:G43单元格区域。切换至"开始"选项卡，单击"样式"选项组中的"条件格式"下三角按钮，选择"突出显示单元格规则>小于"选项。

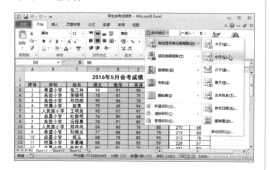

步骤02 打开"小于"对话框，设置"为小于以下值的单元格设置格式"为60，单击"设置为"下三角按钮，选择所需突出显示的格式。

> **办公助手　突出显示特定单元格**
>
> 在展开的"条件格式>突出显示单元格规则"列表中，我们可以选择大于、小于、介于、等于、文本包含、发生日期和重复值选项，来突出显示满足条件的单元格。

步骤03 单击"确定"按钮，返回工作表中，可以看到满足条件的单元格已经根据所选的格式突出显示了。

5.4.2　突出显示指定条件范围的单元格

我们还可根据需要，应用条件格式根据指定的条件范围，查找单元格区域中符合条件的项目。下面介绍应用条件格式标记本次会考总分前3名的单元格，具体操作步骤如下。

步骤01 打开"学生会考成绩表"工作簿，选中H3:H43单元格区域。切换至"开始"选项卡，单击"样式"选项组中的"条件格式"下三角按钮，选择"项目选取规则>值最大的10项"选项。

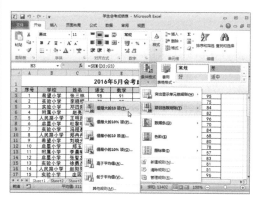

步骤 02 在打开的"10个最大的项"对话框中，设置"为值最大的那些单元格设置格式"为3，单击"设置为"下三角按钮，选择所需的格式。

步骤 03 单击"确定"按钮返回工作表中查看。

5.4.3 使用数据条展示数据大小

在Excel 2010中，应用数据条我们可把不同的数据更醒目地显示出来，非常直观地展现数值的大小情况，具体的操作步骤如下。

步骤 01 打开"学生会考成绩表"工作簿，选中H3:H43单元格区域。切换至"开始"选项卡，单击"样式"选项组中的"条件格式"下三角按钮，选择"数据条"选项，然后选择实心填充的红色数据条样式。

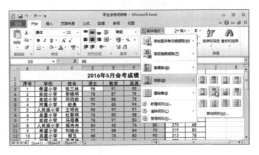

步骤 02 经过上述操作后，可以看到所选单元格区域应用了所选数据条样式，展示本次会考总分的大小。

5.4.4 使用色阶反映数据大小

应用Excel 2010的色阶功能，可以将工作表中的单元格数据按照大小，依次填充不同的颜色。填充颜色的深浅代表了单元格数值的大小，数值相同的单元格所显示的颜色也一样。下面介绍具体的操作方法。

步骤 01 打开"学生会考成绩表"工作簿，选中D3:G43单元格区域。切换至"开始"选项卡，单击"样式"选项组中的"条件格式"下三角按钮，选择"色阶"选项，在子列表中选择所需的样式。

步骤 02 经过上述操作后，可以看到所选单元格区域应用了所选色阶样式。红色颜色越深，代表数值越大；蓝色颜色越深，代表数值越小。

5.4.5 使用图标集对数据进行分类

在进行数据展示时，可应用条件格式中的"图标集"功能对数据进行等级划分。下面使用图标集将本次会考成绩进行等级划分，划分标准是：大于或等于85分为一个等级，大于或等于60分而小于85分为一个等级；小于60分为一个等级，具体操作方法如下。

步骤01 选中D3:G43单元格区域后，切换至"开始"选项卡，单击"样式"选项组中的"条件格式"下三角按钮，选择"图标集>其他规则"选项。

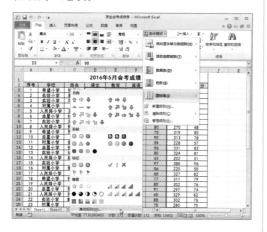

步骤02 打开"新建格式规则"对话框，设置"格式样式"为"图标集"，在"图标样式"库中选择需要的样式，设置各个分数段的划分标准后，单击"确定"按钮。

步骤03 返回工作表中，可以看到运用3等级的条件格式后的效果。

5.4.6 清除条件格式

为数据应用条件格式后，我们可以根据需要将单元格区域中的条件格式清除，具体操作方法如下。

步骤01 打开需清除条件格式的工作表，切换至"开始"选项卡，单击"样式"选项组中的"条件格式"下三角按钮，选择"清除规则"选项，在子列表中选择清除规则的范围。

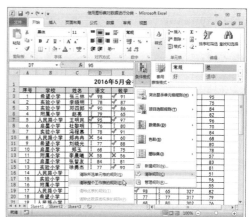

步骤02 当选择"清除整个工作表的规则"选项时，可以看到整个工作表中的条件格式都已经被删除了。

5.5 表格数据的分类汇总

在日常数据处理中，经常需要对数据进行汇总统计，即对每一类数据求和，求平均值，求最大值、最小值等，这时运用分类汇总功能可以大大提高工作效率。

5.5.1 单项分类汇总

所谓单项数据分类汇总，就是指对某一类数据进行汇总求和等操作，从而按类别来分析数据。下面我们将介绍对"会考成绩表"中的"学校"字段进行分类汇总求和操作。

步骤 01 要进行分类汇总，需先进行排序操作，因为需要对"学校"进行分类汇总操作，所以先选中B2单元格并右击，执行"排序>升序"或"降序"命令，对"学校"字段进行排序。

步骤 02 切换至"数据"选项卡，单击"分级显示"选项组中的"分类汇总"按钮，即可打开"分类汇总"对话框，根据需要对相关选项进行设置。

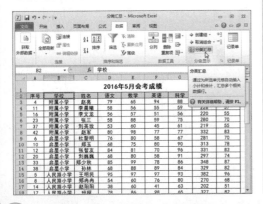

步骤 03 在"分类汇总"对话框中，设置"分类字段"为"学校"，设置"汇总方式"为"求和"，设置"选定汇总项"为"总分"后，单击"确定"按钮。

步骤 04 返回工作表中，可以看到Excel已经完成了对"学校"字段进行了求和的分类汇总操作。单击工作表左上角的数字按钮，即可显示相应级别的数据。

步骤 05 单击数字2，即显示了第二级别的数据，这时可以看到Excel分别显示了各学校的汇总分数，并在工作表的最后显示了总计的分数。

5.5.2 嵌套分类汇总

当我们需处理的数据较复杂时，Excel允许在一个分类汇总的基础上，对其他字段进行再次的分类汇总，即嵌套分类汇总。

前面我们介绍了对"学校"字段进行分类汇总，若想对"年级"字段再次进行分类汇总，则需要先对"学校"和"年级"两列数据进行排序后，再进行分类汇总，下面介绍具体操作方法。

步骤 01 选中B2单元格，切换至"数据"选项卡，单击"排序和筛选"选项组中的"排序"按钮。

步骤 04 单击"确定"按钮返回工作表后，再次单击"分级显示"选项组中的"分类汇总"按钮，在"分类汇总"对话框中对"年级"字段进行分类汇总设置。

办公助手 "替换当前分类汇总"复选框

在步骤04中一定要取消勾选"替换当前分类汇总"复选框，因为是在已有的分类汇总的基础上再创建一个分类汇总，若不取消勾选"替换当前分类汇总"复选框，则本次的汇总结果将会覆盖上一次的分类汇总。

步骤 02 在打开的"排序"对话框中，分别设置"主要关键字"和"次要关键字"的排序条件后，单击"确定"按钮。

办公助手 设置多列排序注意事项

在设置多列排序的条件时，设置排序条件的先后顺序必须和汇总数据的类别顺序一致。

步骤 05 单击"确定"按钮返回工作表中可以看到，不仅每个学校分数进行了汇总，每个班级也分别进行了汇总。

步骤 03 返回工作表后，切换至"数据"选项卡，单击"分级显示"选项组中的"分类汇总"按钮，在"分类汇总"对话框中对"学校"字段进行分类汇总设置。

步骤06 单击工作表左上角的数字3按钮，即显示了第3级别的数据，这时可以看到分别显示的各学校每个班级汇总分数。

5.5.3 复制分类汇总结果

进行分类汇总后，如果我们需要将分类汇总结果复制为一张新的表格，应用一般的复制、粘贴的方法，粘贴的结果会包含明细数据，我们可采用下述的方法进行操作。

步骤01 显示需要复制的分类汇总数据相应的级别，然后选中数据区域，在"开始"选项卡下的"编辑"选项组中单击"查找和选择"下三角按钮，在下拉列表中选择"定位条件"选项。

步骤02 在弹出的"定位条件"对话框中，选择"可见单元格"单选按钮，单击"确定"按钮，选择可见单元格。

步骤03 此时所选的单元格区域中各单元格周围出现虚线边框，按下快捷键Ctrl+C复制单元格中的数据内容，将光标定位到需要粘贴数据的单元格区域中的单元格，按下快捷键Ctrl+V，粘贴复制的数据内容。

5.5.4 删除分类汇总

分类汇总查看数据后，如果想还原数据表，可以删除分类汇总，具体操作如下。

步骤01 打开含有分类汇总的工作簿，切换至"数据"选项卡，单击"分级显示"选项组中的"分类汇总"按钮。

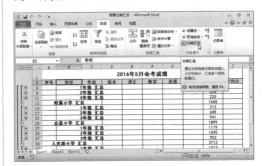

步骤02 打开"分类汇总"对话框，单击"全部删除"按钮，即可删除工作表中的所有分类汇总。

5.6 合并计算

所谓合并计算，就是将不同的工作表的指定区域中的值进行组合计算。合并计算的数据源区域可以是同一工作表中的不同表格，可以是同一工作簿中的不同工作表，也可以是不同工作簿中的表格，操作方法都是一样的。

关于合并计算，一般认为仅仅是求和，其实在"合并计算"对话框中的"函数"列表框中，除了求和还有10个选项，包括计数、平均值、最大值、最小值等，本节我们将应用合并计算功能对第一季度会考成绩的平均值进行合并计算。

5.6.1 多张明细表生成汇总表

在工作中，我们经常需要将不同类别的明细表合并在一起，利用合并计算功能将多张明细表生成汇总表。

当多张明细表的中相同的记录名称和字段名称位于同样的位置，我们可以应用分类汇总功能轻松地汇总多表数据，具体操作方法如下。

步骤 01 打开"合并计算"工作簿，可以看到2016年第一季度各学校会考成绩的平均分数。将学校按照相同的顺序排列，在"汇总成绩"工作表，选中C3:F7单元格区域。

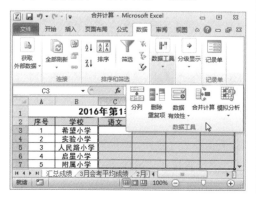

步骤 02 切换至"数据"选项卡，单击"数据工具"选项组中"合并计算"按钮。

步骤 03 弹出"合并计算"对话框，单击"函数"下三角按钮，选择"平均值"选项，单击"引用位置"右侧折叠按钮。

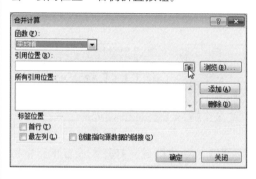

步骤 04 弹出"合并计算-引用位置"对话框，返回"1月会考平均成绩"工作表，选中C3:F7单元格区域，单击折叠按钮。

步骤 05 返回"合并计算"对话框，单击"添加"按钮。

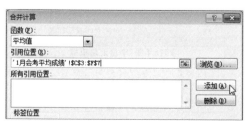

步骤 06 按照相同的方法添加另外两个工作表中相同单元格区域，单击"确定"按钮。

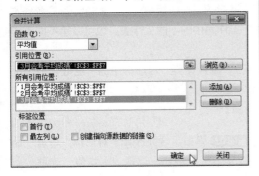

步骤 07 返回工作表中查看使用合并计算的结果。

步骤 08 选中该区域，打开"设置单元格格式"对话框，设置"分类"为"数值"，"小数位数"为2，单击"确定"按钮。

步骤 09 返回工作表中，查看设置单元格格式后的效果。

	A	B	C	D	E	F
1		2016年第1季度汇总成绩				
2	序号	学校	语文	数学	英语	科学
3	1	希望小学	86.67	92.00	89.33	88.00
4	2	实验小学	82.00	83.00	83.00	87.67
5	3	人民路小学	85.33	85.00	84.67	80.33
6	4	启星小学	89.67	84.33	81.00	88.00
7	5	附属小学	79.33	88.33	92.33	86.00
8						

5.6.2 复杂结构的多表汇总

若两个工作表中的内容和格式都不一样，那该如何进行合并操作呢？下面介绍使用合并计算功能对复杂结构的多表汇总的方法。

步骤 01 打开"合并计算"工作簿，可看到2016年第一季度各学校会考成绩的平均分数。

步骤 02 可见三张表格的格式完全不同，不仅学校的名称排列不同，各科成绩排列也不同。选中B2:F7单元格区域，切换至"数据"选项卡，单击"数据工具"选项组中"合并计算"按钮。

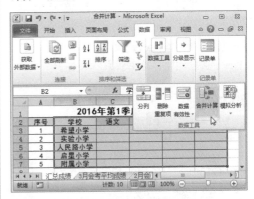

步骤 03 弹出"合并计算"对话框，单击"函数"下三角按钮，选择"平均值"选项，单击"引用位置"右侧折叠按钮。

步骤 04 弹出"合并计算-引用位置"对话框，返回"1月会考平均成绩"工作表，选中B2:F7单元格区域，单击折叠按钮。

序号	学校	语文	科学	英语	数学
1	启星小学	95	87	75	78
2	人民路小学	89	78	91	80
3	实验小学	80	90	90	81
4	附属小学	85	90	97	90
5	希望小学	86	80	85	95

步骤 05 返回"合并计算"对话框，单击"添加"按钮，将引用的单元格区域添加至"所有引用位置"区域。

步骤 06 按照相同的方法添加另外两个工作表中相同单元格区域，然后勾选"首行"和"最左列"复选框。

步骤 07 单击"确定"按钮，返回工作表中查看使用合并计算的结果。

2016年第1季度汇总成绩

序号	学校	语文	科学	英语	数学
1	希望小学	86.66667	88	89.33333	92
2	实验小学	82	87.66667	83	83
3	人民路小学	85.33333	80.33333	84.66667	85
4	启星小学	89.66667	88	81	84.33333
5	附属小学	79.33333	86	92.33333	88.33333

步骤 08 选中C3:F7单元格区域，打开"设置单元格格式"对话框，设置"小数位数"为2，单击"确定"按钮。

步骤 09 返回工作表中，查看设置单元格格式后的效果。

2016年第1季度汇总成绩

序号	学校	语文	科学	英语	数学
1	希望小学	86.67	88.00	89.33	92.00
2	实验小学	82.00	87.67	83.00	83.00
3	人民路小学	85.33	80.33	84.67	85.00
4	启星小学	89.67	88.00	81.00	84.33
5	附属小学	79.33	86.00	92.33	88.33

5.6.3 应用公式进行合并计算

在进行数据的合并计算时，若所有表格的数据是按照相同的顺序排列，并使用相同的行和列标签，我们可以应用公式进行合并计算，具体操作方法如下。

步骤 01 打开"合并计算1"工作簿后，首先在"汇总平均成绩"工作表中选择C3单元格，输入公式："=AVERAGE('3月会考平均成绩'!C3,'2月会考平均成绩'!C3,'1月会考平均成绩'!C3)"。

步骤02 按下Enter键后，选中C3单元格，然后向右复制公式至F3单元格。

步骤03 选中C3:F3单元格区域，向下复制公式至F7单元格。

步骤04 这时可以看到Excel自动合并计算了所有学校各科的平均成绩，我们可以对单元格计算进行设置，首先按下快捷键Ctrl+1。

步骤05 在打开的"设置单元格格式"对话框中对数字的小数位数进行相应的设置。

步骤06 单击"确定"按钮后，返回工作表中查看效果。

5.6.4 合并计算中源区域引用的编辑

对工作表中的数据进行合并计算后，我们还可以对引用区域进行编辑操作，包括对引用区域的修改、添加和删除等。

❶ 修改引用区域

对合并计算的引用区域进行修改的操作方法非常简单，具体介绍如下。

步骤01 打开应用合并计算的工作表，单击"数据"选项卡下的"合并计算"按钮。

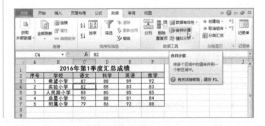

步骤02 在弹出的"合并计算"对话框中，选择"所有引用位置"列表框中需要修改的引用区域，单击"引用位置"后面折叠按钮。

步骤03 此时"合并计算"对话框最小化，使用鼠标重现选择需要修改的引用区域，然后再次单击折叠按钮，展开对话框，单击"确定"按钮，即可修改引用区域。

② 添加引用区域

对工作表中的数据进行合并计算后，我们还可以根据需要添加新的引用区域，具体操作方法如下。

步骤01 打开需要添加引用区域的工作表，单击"数据"选项卡下的"合并计算"按钮。在打开的"合并计算"对话框中，单击"引用位置"后面的折叠按钮。

步骤02 此时"合并计算"对话框最小化，使用鼠标选择需要添加的引用区域，然后再次单击折叠按钮，返回对话框中。

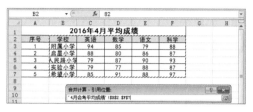

步骤03 单击"添加"按钮，即可将新选择的单元格区域添加到"所有引用位置"列表中，单击"确定"按钮即可。

③ 删除引用区域

如果我们不希望某个引用区域参与合并计算，可以将该引用区域删除，删除的方法同样可以通过"合并计算"对话框来实现。

打开需要删除引用区域的工作表，单击"数据"选项卡下的"合并计算"按钮，打开"合并计算"对话框，在"所有引用位置"列表框中选择需要修改的引用区域，单击"删除"按钮，即可完成删除引用区域的操作。

读书笔记

Chapter

06

制作员工薪酬表

本章概述

本章将介绍一个常用的功能更全的数据分析功能——数据透视表，利用数据透视表能既便捷又准确地得到各类汇总结果。在此将依次介绍数据透视表的创建、编辑、布局操作，切片器的应用，以及数据透视图的应用等。通过学习员工薪酬表的制作，可以掌握数据透视表分析数据的基本方法和技巧。

本章要点

创建数据透视表

编辑数据透视表字段

设置数据透视表格式

数据透视表的布局形式

设置切片器样式

创建数据透视图

美化数据透视图

6.1 创建和删除数据透视表

数据透视表是一种交互式的Excel报表，可以动态地改变报表的版面布置，用于对大量的复杂的数据进行汇总和分析。本节介绍创建和删除数据透视表的相关知识。

6.1.1 创建数据透视表

在Excel 2010中可以通过插入数据透视表的功能创建数据透视表。

在"基本工资表"中记录了公司所有员工的基本工资信息，现在根据表格内容创建空白的数据透视表。

步骤01 打开"员工薪酬表"工作簿，切换至"基本工资表"工作表，选中表格中任意单元格。

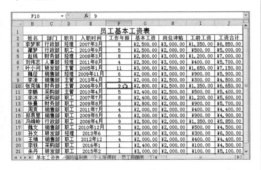

步骤02 切换至"插入"选项卡，单击"表格"选项组中的"数据透视表"下三角按钮，在列表中选择"数据透视表"选项。

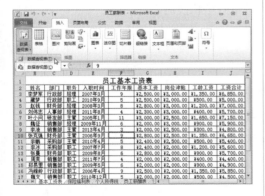

步骤03 弹出"创建数据透视表"对话框，选择表格内容区域，保持其他选项不变，然后单击"确定"按钮。

步骤04 在新打开的工作表中创建空白的数据透视表，同时打开"数据透视表字段列表"任务窗格，在功能区出现"数据透视表工具-选项"和"数据透视表工具-设计"选项卡。

步骤05 在"数据透视表字段列表"任务窗格中，单击右上角下三角按钮，在列表中选择"字段节和区域节并排"选项。

6.1.2 添加字段

创建完数据透视表后，如何利用数据透视表分析数据？添加字段至关重要，可以充分展现数据的形式。

在"基本工资表"中创建完成空白的数据透视表后，现在需要分析各部门的工资汇总情况。

步骤 01 打开创建的空白数据透视表，在"数据透视表字段列表"窗格中，将"选择要添加到报表的字段"区域中的"部门"字段拖曳至"行标签"区域。

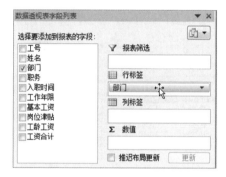

步骤 02 将"工资合计"字段拖曳至"数值"区域。

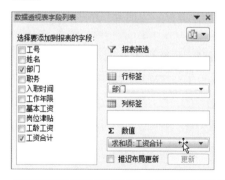

办公助手 **打开"数据透视表字段列表"窗格的方法**

当选中数据透视表时，不打开"数据透视表字段列表"窗格时，切换至"数据透视表工具-选项"选项卡，单击"显示"选项组中"字段列表"按钮。

选中数据透视表任意单元格并右击，在快捷菜单中执行"显示字段列表"命令。

步骤 03 返回工作表中，查看添加完字段后的效果。

步骤 04 在"数据透视表字段列表"窗格中，将"部门"字段拖曳至"列标签"区域，将"姓名"字段拖曳至"行标签"区域。

步骤 05 返回工作表中，查看数据透视表的最终效果，透视表展示各部门工资汇总，而且充分表现出各部门人员工资情况。

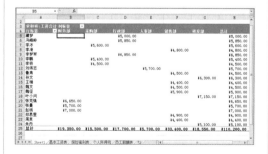

6.1.3 编辑数据透视表字段

数据透视表是展示数据信息的视图，不能直接对数据透视表中的数据进行编辑。我们可以对字段进行编辑修改。

❶ 自定义字段名称

添加至"数值"区域的字段，均会在字段名前加"求和项"和"计数项"等等，用户可以根据个人要求对其进行重命名。

步骤01 打开"员工薪酬表"工作簿，切换至"编辑数据透视表字段"工作表，选中需要重命名的字段单元格，此处选择B3单元格。

步骤02 切换至"数据透视表工具-选项"选项卡，单击"活动字段"选项组中的"字段设置"按钮。

步骤03 打开"值字段设置"对话框，在"自定义名称"文本框中输入名称，输入"基本工资总额"，单击"确定"按钮。

❷ 隐藏字段标题

若需隐藏字段标题，单击数据透视表中任意单元格，切换至"数据透视表工具-选项"选项卡，单击"显示"选项组中的"字段标题"按钮即可隐藏或显示字段标题。

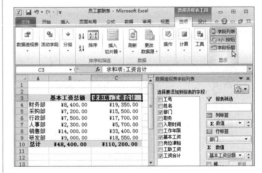

❸ 删除字段

在分析数据后，对于数据透视表中多余的字段可以删除，下面介绍两种删除字段的方法。

（1）方法1：窗格删除法

步骤01 选中数据透视表中任意单元格，打开"数据透视表字段列表"窗格，单击需要删除的字段，在快捷菜单中执行"删除字段"命令。

步骤02 返回工作表中，查看删除字段后的效果。

（2）方法2：右键删除法

打开数据透视表，选中需要删除的字段，单击鼠标右键，在快捷菜单中执行"删除'字段名'"命令，即可删除字段。

❹ 活动字段的折叠与展开

活动字段的折叠与展开功能可以满足用户在不同情况下展现数据。下面介绍其折叠与展开的方法。

（1）方法1：功能区按钮法

步骤01 打开包含数据透视表的工作表，选中展开字段中的任意单元格，切换至"数据透视表工具-选项"选项卡，单击"活动字段"选项组中的"折叠整个字段"按钮。

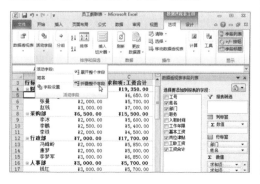

步骤02 返回工作表查看折叠字段后的效果。若要展开字段，单击"展开整个字段"按钮即可。

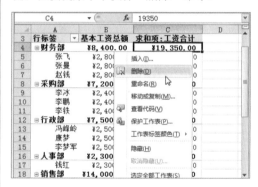

（2）方法2：单击折叠按钮法

单击字段前的"+"或"-"可以折叠或展开字段信息。

6.1.4 删除数据透视表

如果删除数据透视表时也删除所在的工作表，可以选中工作表的标签，单击鼠标右键，在快捷菜单中执行"删除"命令。

如果需要删除数据透视表的数据，先选中透视表，然后在"开始"选项卡中，单击"单元格"选项组中的"删除"按钮。

6.2 编辑数据透视表

创建完成数据透视表后，我们可以对透视表设置格式或处理透视表中的数据。编辑数据透视表可以美化表格。本节主要介绍套用表格样式、修改数据的顺序、数据的隐藏与显示、数据的排序等操作。

6.2.1 设置数据透视表格式

数据透视表可以更完美地展现数据。默认的数据透视表的样式是一成不变的，可通过设置透视表的格式达到我们想要的效果。

❶ 自动套用数据透视表样式

Excel提供了多种数据透视表的样式，包括浅色、中等深浅和深色几大类。我们可以套用这些样式，从而美化表格。

步骤01 打开"员工薪酬表"工作簿，切换至"自动套用透视表样式"工作表，选中透视表中任意单元格。

步骤02 切换至"数据透视表工具-设计"选项卡，单击"数据透视表样式"选项组中的"其他"按钮。

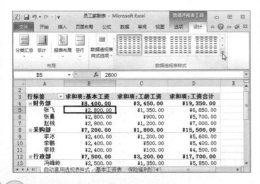

步骤03 展开数据透视表样式库，选择合适的样式，此处选择"数据透视表样式中等深浅28"。

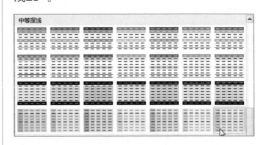

步骤04 返回数据透视表，查看套用样式后的效果。

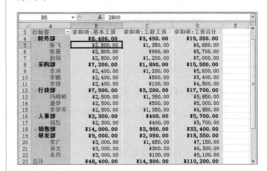

除此之外，选中数据透视表中任意单元格，切换至"开始"选项卡，单击"样式"选项组中的"套用表格格式"下三角按钮，在打开的样式库中选择一款满意的样式。这些样式不仅适合数据透视表，还适合普通的表格。

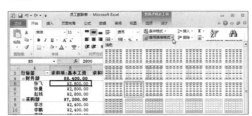

② 自动套用文本主题

Excel 2010提供了40多种文本主题的样式，我们也可以直接套用这些文本主题，从而美化表格。

步骤01 打开"员工薪酬表"工作簿，切换至"套用文本主题"工作表，选中透视表中任意单元格，切换至"页面布局"选项卡，单击"主题"选项组中的"主题"下三角按钮。

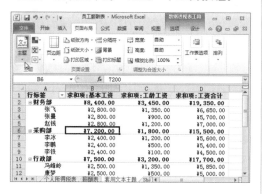

步骤02 在展开主题样式库中，选择合适的主题样式，此处选择"视点"。

步骤03 返回数据透视表，查看套用样式后的效果。

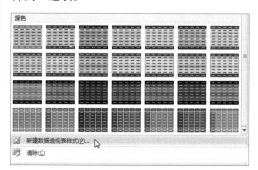

③ 自定义数据透视表样式

Excel为用户提供了多种多样的样式，如果用户习惯根据自己的喜好设置样式，通过自定义数据透视表样式可以实现。

步骤01 打开"员工薪酬表"工作簿，切换至"自定义样式"工作表，选中透视表中任意单元格，切换至"数据透视表工具-设计"选项卡，单击"数据透视表样式"选项组中的"其他"按钮。

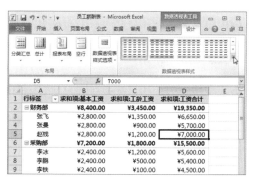

步骤02 在下拉列表中选择"新建数据透视表样式"选项。

步骤03 打开"新建数据透视表样式"对话框，在"表元素"选项区域中，选择"第一列"选项，然后单击"格式"按钮。

步骤04 弹出"设置单元格格式"对话框，在"填充"选项卡设置填充颜色，在"字体"选项卡设置字体颜色，然后单击"确定"按钮。

步骤05 返回"新建数据透视表快速样式"对话框，选中"标题行"选项，单击"格式"按钮。

步骤06 弹出"设置单元格格式"对话框，在"字体"选项卡中设置字体为加粗，颜色为大红，切换至"填充"选项卡设置填充颜色为浅绿色，然后单击"确定"按钮。

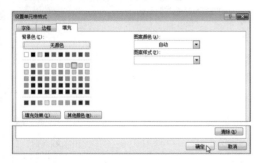

步骤07 返回"新建数据透视表样式"对话框，选中"总计行"选项，单击"格式"按钮，在弹出的"设置单元格格式"对话框中

设置填充颜色为浅褐色，字体为加粗，然后单击"确定"按钮。

步骤08 依次单击"确定"按钮，返回工作表中，切换至"数据透视表工具-设计"选项卡，单击"数据透视表样式"选项组中"其他"按钮，在展开的样式库中"自定义"区域可以看到刚才设置的样式，选中该样式。

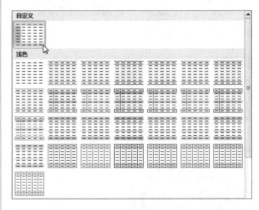

办公助手 修改自定义样式

自定义样式设置完毕后，发现还有不足之处，只需在样式库中选中需要修改的自定义样式，单击鼠标右键在快捷菜单中执行"修改"命令，在打开的"修改数据透视表样式"对话框中进行设置。

步骤09 返回工作表中，查看应用自定义的数据透视表的样式，可见自定义的样式均在透视表中表现出来。

④ 修改汇总方式和数字的显示方式

如果将数值类型的字段拖动至"数值"区域，系统默认的计算类型是求和，现在根据要求修改汇总的方式。

步骤01 打开"员工薪酬表"工作簿，选中需要修改汇总方式的任意单元格，此处选择C4单元格，单击鼠标右键，在快捷菜单中执行"值字段设置"命令。

步骤02 弹出"值字段设置"对话框，在"值汇总方式"选项卡中设置"计算类型"为"平均值"，然后单击"确定"按钮。

步骤03 选中D4单元格，切换至"数据透视表-选项"选项卡，单击"活动字段"选项组中"字段设置"按钮。

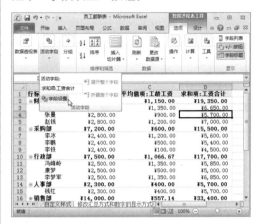

步骤04 弹出"值字段设置"对话框，在"值汇总方式"选项卡中设置"计算类型"为"最大值"，然后单击"确定"按钮。

步骤05 设置完毕后，返回数据透视表中查看修改汇总方式的效果，工龄工资修改为平均值，工资合计修改为最大值。

数值的显示方式也可以进行设置，在本案例中将工资合计的货币方式修改为百分比方式。

步骤01 打开"员工薪酬表"工作簿，选中D4单元格，切换至"数据透视表-选项"选项卡，单击"活动字段"选项组中"字段设置"按钮。

步骤02 弹出"值字段设置"对话框，在"值显示方式"选项卡中设置"值显示方式"为"全部汇总百分比"，单击"确定"按钮。

步骤03 返回数据透视表查看修改数字显示方式后的效果。

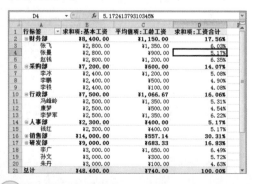

❺ 修改数据的顺序

在数据透视表中改变数据的显示顺序的方法很简单，前提是只能在行标签或列标签中移动。

步骤01 打开"员工薪酬表"工作簿，创建数据透视表，选中A4单元格，单击鼠标右键，在快捷菜单中执行"移动>将'冯峰岭'下移"命令。

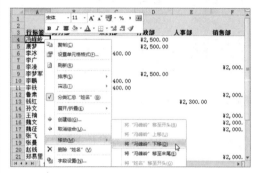

步骤02 选中B3单元格，单击鼠标右键，在快捷菜单中执行"移动>将'财务部'右移"命令。

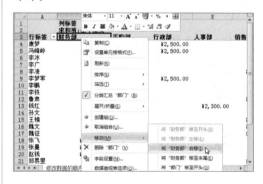

步骤03 返回工作表，查看修改顺序后效果。

6.2.2 数据透视表中的数据操作

数据透视表中的数据是展示源数据的形式，所以是不可以对数据进行编辑的，但是我们可以对透视表中的数据进行相关操作。如数据的刷新以及数据的排序等等。

❶ 刷新数据透视表

数据透视表是源数据的表现形式，当源数据发生变化时，需要刷新数据，才能更新数据透视表中的数据。

（1）方法1：手动刷新数据

步骤01 选中数据透视表中任一单元格，功能区显示"数据透视表工具"选项卡。

步骤02 切换至"数据透视表工具-选项"选项卡，单击"数据"选项组中"刷新"按钮，即可刷新当前数据透视表。

办公助手　**刷新整个工作簿**

当工作簿中包含多个数据透视表，而且都需要刷新数据时，可以单击"刷新"下三角按钮，选择"全部刷新"选项即可。

（2）方法2：自动刷新数据

步骤01 选中数据透视表中任一单元格，切换至"数据透视表工具-选项"选项卡，单击"数据透视表"选项组中"选项"按钮。

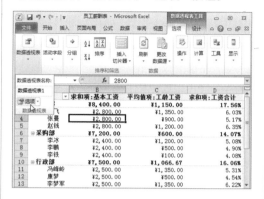

步骤02 打开"数据透视表选项"对话框，切换至"数据"选项卡，勾选"打开文件时刷新数据"复选框，单击"确定"按钮。

❷ 更改数据源

创建完数据透视表后，可以更改正在分析的源数据的区域。可以扩展或减少源数据，如果数据本质上不同，可创建新的数据透视表。

步骤01 选中数据透视表中任一单元格，切换至"数据透视表工具-选项"选项卡，单击"数据"选项组中"更改数据源"按钮。

步骤 02 弹出"更改数据透视表数据源"对话框，单击"表/区域"右侧折叠按钮。

步骤 03 弹出"移动数据透视表"对话框，在工作表中重新选择源数据区域，然后单击折叠按钮。

步骤 04 返回"更改数据透视表数据源"对话框，可见在"表/区域"文本框中引用区域发生变化，单击"确定"按钮。

步骤 05 返回数据透视表中，可以发现人事部多了两名员工，并显示详细的信息。

③ 数据的隐藏和显示

数据透视表中的数据是通过汇总后得到的，针对这些汇总数据我们如何查看详细信息，或是隐藏某些数据呢？

步骤 01 打开"数据的隐藏和显示"工作表，单击"行标签"右侧下三角按钮，在列表中取消勾选"人事部"和"销售部"复选框，然后单击"确定"按钮。

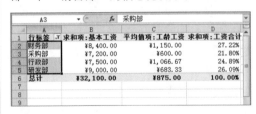

步骤 02 返回数据透视表中，可见将"人事部"和"销售部"的信息隐藏了。

步骤 03 若需要显示隐藏的信息，单击"行标签"右侧下三角按钮，在下拉列表中勾选"全选"复选框，单击"确定"按钮。

上面介绍隐藏和显示数据透视表中的数据，下面介绍查看透视表中的汇总数据详细信息。查看销售部各员工的基本工资情况。

步骤01 打开"数据的隐藏和显示"工作表，选中A6单元格，单击鼠标右键，在快捷菜单中执行"展开/折叠＞展开"命令。

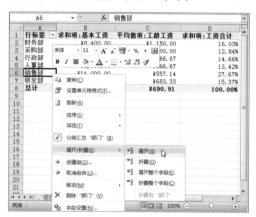

步骤02 弹出"显示明细数据"对话框，在"请选择待要显示的明细数据所在的字段"区域选择"姓名"选项，然后单击"确定"按钮。

步骤03 返回数据透视表中，可见销售部所有员工的信息均显示出来。

若需要查看某数据的所有源数据信息，例如查看销售部所有信息，选中B6单元格并双击，在新的工作表中显示所有销售部门的详细信息。

❹ 数据的排序

数据透视表的排序和普通工作表的排序方法一样，但是结果有点区别。下面将通过案例进行详解。

步骤01 打开"数据的排序"工作表，选中D4单元格，切换至"数据"选项卡，单击"排序和筛选"选项组中的"升序"按钮。

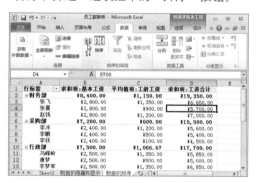

步骤02 返回数据透视表中，可见各部门的员工按照工资合计的升序排列。

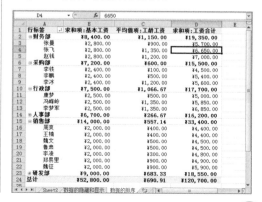

步骤03 选中D2单元格，单击"排序和筛选"选项组中的"降序"按钮。

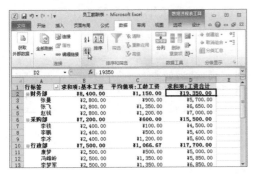

步骤04 返回数据透视表中，可见各部门按照工资合计的降序排列，而部门员工的顺序没有发生变化。

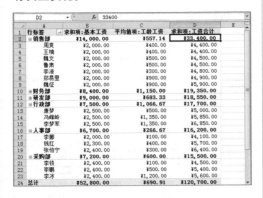

⑤ 分页显示

分页显示功能是指根据某字段，然后将字段包含的数据分别在不同的工作表中显示。在本案例中按部门进行分页显示。

步骤01 打开"分页显示"工作表，选中数据透视表中任意单元格，切换至"数据透视表工具-选项"选项卡，单击"显示"选项组中"字段列表"按钮。

步骤02 打开"数据透视表字段列表"窗格，将"部门"字段拖曳至"报表筛选"区域。

步骤03 单击"数据透视表"选项组中"选项"下三角按钮，在下拉列表中选择"显示报表筛选页"选项。

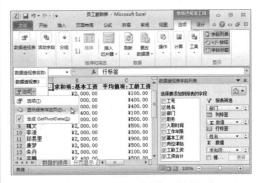

步骤04 弹出"显示报表筛选页"对话框，选择"部门"选项，单击"确定"按钮。

步骤05 返回数据透视表中，可见各个部门的数据分别在不同的工作表中显示。

6.2.3 分类汇总的隐藏

如果需要隐藏数据透视表中的分类汇总的信息，我们可以通过以下3种方法实现。

（1）方法1：通过"字段设置"对话框隐藏

步骤01 打开"分类汇总的隐藏"工作表，选中A2单元格，切换至"数据透视表工具-选项"选项卡，单击"活动字段"选项组中的"字段设置"按钮。

步骤02 弹出"字段设置"对话框，选中"无"单选按钮，单击"确定"按钮。

步骤03 返回数据透视表中，查看隐藏分类汇总后的效果。

（2）方法2：快捷菜单法

在分类汇总的字段上单击鼠标右键，在快捷菜单中执行"分类汇总'字段'"命令，即可实现分类汇总的显示和隐藏。

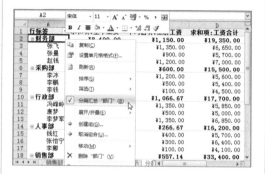

（3）方法3：利用工具栏按钮隐藏

选中数据透视表中任意单元格，切换至"数据透视表工具-设计"选项卡，单击"布局"选项组中的"分类汇总"下三角按钮，选择"不显示分类汇总"选项。

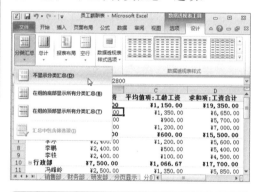

办公助手 设置分类汇总的位置

若需设置分类汇总显示的位置，单击"设计"选项组中的"分类汇总"下三角按钮，在下拉列表中选择"在组的底部显示所有分类汇总"或"在组的顶部显示所有分类汇总"选项即可。

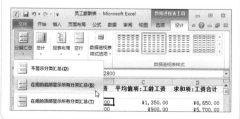

6.3 改变数据透视表的布局

数据透视表创建完成后，为了满足用户从不同角度分析数据和报表结构变化的需要，可以改变数据透视表的布局，例如改变透视表的整体布局、布局形式等等。

6.3.1 改变数据透视表整体布局

这里主要介绍通过"数据透视表字段列表"窗格改变透视表的整体布局。通过拖动字段，也可以单击字段的下三角按钮，然后在快捷菜单中执行相关的命令。

步骤01 打开"改变数据透视表布局"工作表，选中透视表中任意单元格，打开"数据透视表字段列表"窗格。

步骤02 单击"职务"右侧的下三角按钮，在快捷菜单中执行"上移"命令。

步骤03 返回数据透视表中，查看效果。

如果用户想得到按职务统计各部门工资情况，具体操作如下。

步骤01 在"数据透视表字段列表"窗格中，选中"职务"字段并按住鼠标左键拖曳至"列标签"区域，然后释放鼠标。

步骤02 将"数值"字段拖曳至"行标签"中，并且在"部门"字段的上方。

步骤03 返回数据透视表中，查看改变整体布局后的效果。

6.3.2 数据透视表报表布局形式

Excel为数据透视表提供了3种报表布局形式，分别为"以压缩形式显示"、"以大纲形式显示"和"以表格形式显示"。

步骤01 打开数据透视表，此时的报表布局为"以压缩形式显示"，这也是系统默认的形式。

步骤02 选中表内任意单元格，切换至"数据透视表工具-设计"选项卡，单击"布局"选项组中的"报表布局"下三角按钮，选择"以大纲形式显示"选项。

步骤03 返回数据透视表，查看以大纲形式显示的效果。

步骤04 选择"以表格形式显示"选项，查看数据透视表的效果。

从3种报表布局形式可以发现，以表格显示的透视表更加直观，更便于查看。这种报表布局也是用户首选的显示方式。

如果用户需要在透视表中重复标签，以显示所有行和列中嵌套字段的项目标题，具体操作如下。

步骤01 打开数据透视表，选中数据透视表中任意单元格，切换至"数据透视表工具-设计"选项卡，单击"布局"选项组中的"报表布局"下三角按钮，选择"重复所有项目标签"选项。

步骤02 返回数据透视表中，查看重复所有项目标签的效果。

6.3.3 启用经典数据透视表布局

当启用经典数据透视表布局后，可以对数据透视表中的字段进行拖动，调整位置，数据透视表显示的结果也不一样。

（1）方法1：工具栏按钮法

步骤01 打开数据透视表，选中透视表中任意单元格，切换至"数据透视表工具-选项"选项卡，单击"数据透视表"选项组中的"选项"按钮。

步骤02 打开"数据透视表选项"对话框，切换至"显示"选项卡，勾选"经典数据透视表布局（启用网格中的字段拖放）"复选框。

步骤03 单击"确定"按钮，当光标移至字段上时光标会出现4个方向箭头，按住鼠标左键拖曳至合适的位置。

步骤04 将"部门"字段拖曳至"职务"字段前，查看数据透视表的效果。

（2）方法2：快捷菜单法

步骤01 选中数据透视表中任意单元格并单击鼠标右键，在弹出的快捷菜单中执行"数据透视表选项"命令。

步骤02 弹出"数据透视表选项"对话框，在"显示"选项卡中勾选"经典数据透视表布局（启用网格中的字段拖放）"复选框，单击"确定"按钮。

6.4 数据透视表的切片器

切片器是Excel 2010新增的数据透视表功能，数据透视表的切片器是以一种图形化的筛选方式为数据透视表中每个字段创建一个选取器，它是浮动在透视表之上的。本节主要介绍切片器的相关知识。

6.4.1 插入切片器

为数据透视表插入切片器，可快速筛选数据，下面介绍两种插入切片器的方法。

(1) 方法1：通过"插入"选项卡插入切片器

步骤01 打开"员工薪酬表"工作簿，切换至"插入切片器"工作表，选中透视表中任意单元格，切换至"插入"选项卡，单击"筛选器"选项组中的"切片器"按钮。

步骤02 弹出"插入切片器"对话框，勾选"部门"和"职务"复选框，然后单击"确定"按钮。

步骤03 返回透视表中，查看插入的切片器，在功能区显示"切片器工具"选项卡。

(2) 方法2："数据透视表工具"插入切片器

步骤01 选中透视表中任意单元格，切换至"数据透视表工具-选项"选项卡，单击"排序和筛选"选项组中"插入切片器"按钮。

步骤02 弹出"插入切片器"对话框，勾选"部门"和"职务"复选框，然后单击"确定"按钮即可。

6.4.2 筛选多个字段

利用切片器可以快速、直观地筛选数据。下面介绍如何应用切片器筛选数据。

步骤01 打开"员工薪酬表"工作簿，切换至"筛选多个字段"工作表，在"部门"切片器中按Ctrl键选择需要查看的部门，此处选择"采购部"和"销售部"，在数据透视表筛选出各职务中采购部和销售部的相关信息。

步骤02 在"职务"切片器中选择"职工"和"主管"，查看采购部和销售部中的职工和主管的筛选结果。

6.4.3 清除切片器的筛选器

当查看完筛选结果后，需要恢复隐藏的数据，此时，我们需清除切片器的筛选器，下面介绍几种清除的方法。

步骤01 打开"员工薪酬表"工作簿，切换至"清除切片器的筛选器"工作表，然后单击"部门"切片器右上角"清除筛选器"按钮。

步骤02 选中"职务"切片器，单击鼠标右键，在快捷菜单中执行"从'职务'中清除筛选器"命令。

步骤03 选中"部门"切片器，按快捷键Alt＋C，即可清除该切片器的筛选器。

6.4.4 调整切片器的显示顺序

当插入两个以上切片器时，切片器会堆放在一起，相互遮盖。切片器显示顺序是后插入的切片器显示在上层。下面将介绍几种调整切片器顺序的方法。

步骤01 打开"切片器的顺序"工作表，插入4个切片器，查看这4个切片器的排列顺序。

步骤02 选中"部门"切片器，单击鼠标右键，在快捷菜单中执行"置于底层>下移一层"命令。

步骤03 可见"部门"切片器移至"入职时间"切片器的下一层。

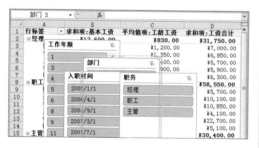

步骤04 继续选中"部门"切片器，切换至"切片器工具-选项"选项卡，单击"排列"选项组中"上移一层"下三角按钮，选择"上移一层"选项。

步骤05 可见"部门"切片器移至"入职时间"切片器的上一层。

步骤06 选中"部门"切片器，切换至"切片器工具-选项"选项卡，单击"排列"选项组中"选择窗格"选项。

步骤07 弹出"选择和可见性"窗格，选中"部门"，单击"下移一层"按钮。

步骤08 可见"部门"切片器移至"入职时间"切片器的下一层。

6.4.5 设置切片器样式

如果Excel默认的切片器样式不能满足用户的审美，可以根据个人喜好设置切片器。如更改切片器和字段的大小、字段的排列和套用样式等。

❶ 更改切片器的大小

插入切片器后，用户可以根据需要适当调整切片器的大小，可以精确调整大小，也可以手动拖曳，下面介绍具体方法。

步骤01 打开"员工薪酬表"工作簿，切换至"切片器样式"工作表，按Ctrl键选中所有切片器，切换至"切片器工具-选项"选项卡，在"大小"选项组中设置切片器的高度和宽度，例如设置"高度"为6厘米，"宽度"为5厘米。

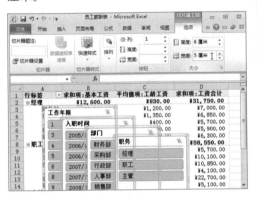

步骤02 选中"职务"切片器，可见在切片器四周有8个控制点，当光标移到控制点上时出现双箭头，按住鼠标不放拖动至合适大小，释放鼠标即可。

❷ 多列显示字段项并设置大小

默认情况下切片器中的字段项是一列显示，但当切片器的字段项比较多时，筛选数据时必须使用滚动条，此时我们可设置字段项为多列显示，还可以设置字段项的大小。

步骤01 选中"入职时间"切片器，切换至"切片器工具-选项"选项卡，在"按钮"选项组中设置"列"为3。

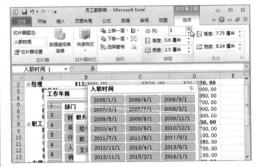

步骤02 在"按钮"选项组中分别设置"高度"和"宽度"为0.8厘米和2.3厘米。

步骤03 返回数据透视表中，查看设置多列显示字段项和设置字段项大小的效果。

❸ 更改切片器的名称

切片器的名称是可以修改的，下面介绍其操作方法。

步骤01 选中"入职时间"切片器，切换至"切片器工具-选项"选项卡，单击"切片器"选项组中的"切片器设置"按钮。

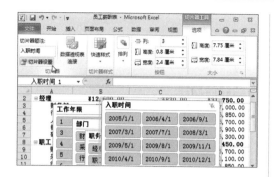

步骤02 打开"切片器设置"对话框，在"标题"文本框中输入"入职年份"，单击"确定"按钮。

步骤03 返回数据透视表中，查看更改切片器名称后的效果。

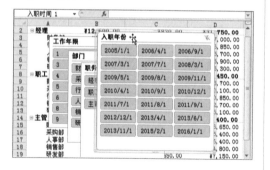

④ 套用切片器样式

　　Excel 2010为切片器提供了10多种样式，用户可以根据需要套用这些样式。用户还可以根据个人要求自定义切片器的样式，具体操作如下。

步骤01 打开"切片器样式"工作表，选中"部门"切片器，切换至"切片器工具-选项"选项卡，单击"切片器样式"选项组中的"其他"按钮。

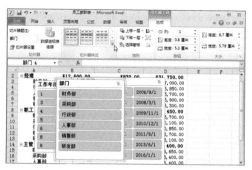

步骤02 打开切片器样式库，选择合适的样式，选择"切片器样式浅色3"。

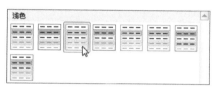

步骤03 返回数据透视表中，查看套用切片器样式后的效果。

步骤04 选中"入职年份"切片器，切换至"切片器工具-选项"选项卡，单击"切片器样式"选项组中的"其他"按钮，选择"新建切片器样式"选项。

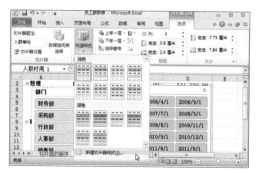

步骤 05 弹出"新建切片器样式"对话框，在"切片器元素"选项区域选中"页眉"，单击"格式"按钮。

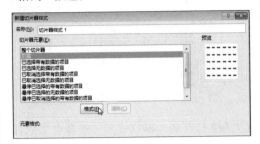

步骤 06 弹出"格式切片器元素"对话框，在"字体"选项卡中设置字体、字号、字体颜色，切换至"填充"选项卡设置填充颜色，然后单击"确定"按钮。

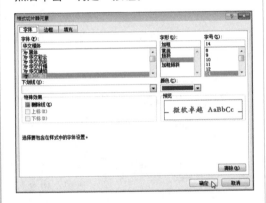

步骤 07 选择"已选择带有数据的项目"选项，单击"格式"按钮。

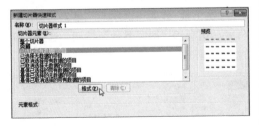

步骤 08 弹出"格式切片器元素"对话框，在"字体"选项卡中设置字体、字号、字体颜色，切换至"填充"选项卡设置填充颜色，在"边框"选项卡中设置边框样式和颜色，然后单击"确定"按钮。

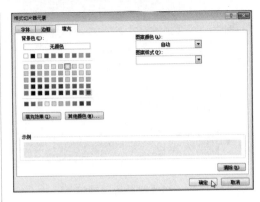

步骤 09 返回数据透视表中，应用自定义的切片器样式。

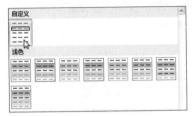

步骤 10 查看自定义切片器样式的效果。

办公助手 **修改切片器的样式**

若对自定义的切片器样式不满意，需修改时，打开样式库，选中自定义样式，单击鼠标右键，在快捷菜单中执行"修改"命令，在弹出"修改切片器样式"对话框中修改即可。

6.4.6 隐藏切片器

数据透视表的功能是展示数据，通过切片器筛选数据后，需要充分展现数据，所以暂时隐藏切片器。隐藏切片器不会改变数据透视表的筛选状态，下面将介绍隐藏切片器的方法。

步骤01 打开"隐藏切片器"工作表，选中任意切片器，切换至"切片器工具-选项"选项卡，单击"排列"选项组中"选择窗格"按钮。

步骤02 打开"选择和可见性"窗格，单击切片器名称右侧的眼睛图标即可隐藏或显示切片器。如果隐藏全部切片器，单击"全部隐藏"按钮即可。

办公助手 打开"选择和可见性"窗格

除了上面介绍的方法外，在"页面布局"选项卡的"排列"选项组中单击"选择窗格"按钮即可打开"选择和可见性"窗格。

步骤03 返回数据透视表中，查看隐藏切片器后的效果。

6.4.7 删除切片器

上一小节介绍如何隐藏切片器，本小节将介绍删除切片器的方法，删除切片器后也不影响筛选结果。

步骤01 打开"删除切片器"工作表，选中需要删除的切片器，单击鼠标右键，在快捷菜单中执行"删除'入职时间'"命令。

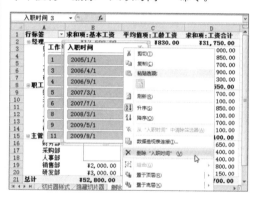

步骤02 返回数据透视表中，查看删除切片器后的效果。

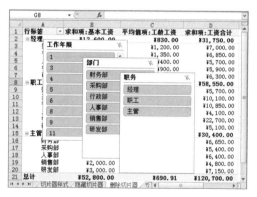

办公助手 快捷键删除法

按Ctrl键选中需要删除的切片器，然后按Delete键即可。

6.5 组合数据透视表中的数据

对数据透视表中的数据进行分组，可以显示分析数据的子集。主要包括对日期或时间进行分组，也可以对特定项目进行分组。

6.5.1 日期型数据分组

对日期型数据进行分组，数据透视表按秒、分、小时、日、月、季度和年多种时间单位分组。

步骤01 打开"日期型数据分组"工作表，选中日期字段内任意单元格，此处选择A7单元格，切换至"数据透视表工具-选项"选项卡。

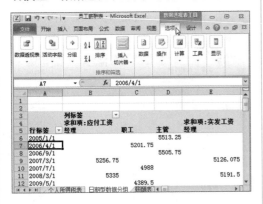

步骤02 单击"分组"选项组中"将所选内容分组"按钮。

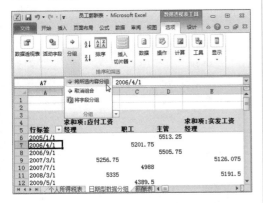

步骤03 弹出"分组"对话框，在"起始于"和"终止于"右侧文本框中自动显示最早和最晚的日期，在"步长"选项区域中选中"年"选项，然后单击"确定"按钮。

步骤04 返回数据透视表中，按年为单位进行分组后的结果，自动按年排序。

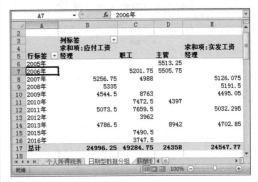

步骤05 在"分组"对话框中，在"步长"选项区域中选中"日"选项，在"天数"数值框中输入15，然后单击"确定"按钮。

步骤06 返回数据透视表中，可见从起始日期开始每15天为一组对数据进行统计，查看最终效果。

	A	B	C	D
	A7	▼	fx	2006/3/27 – 2006/4/10
	A	B	C	D
4	行标签	求和项:应付工资		
5		经理	职工	主管
6	2005/1/1 – 2005/1/15			5513.25
7	2006/3/27 – 2006/4/10		5201.75	
8	2006/8/24 – 2006/9/7			5505.75
9	2007/2/20 – 2007/3/6	5256.75		
10	2007/6/20 – 2007/7/4		4988	
11	2008/3/1 – 2008/3/15	5335		
12	2009/4/25 – 2009/5/9		4389.5	
13	2009/7/24 – 2009/8/7		4373.5	
14	2009/10/22 – 2009/11/5	4544.5		
15	2010/3/21 – 2010/4/4			4397
16	2010/8/18 – 2010/9/1		4175	
17	2010/12/1 – 2010/12/15		3297.5	
18	2011/6/29 – 2011/7/13		3612	
19	2011/7/29 – 2011/8/12	5073.5		
20	2012/11/20 – 2012/12/4		4047.5	
21	2012/11/20 – 2012/12/4		3962	
22	2013/5/1 – 2013/5/15			3554
23	2013/5/19 – 2013/6/2	4786.5		
24	2013/10/31 – 2013/11/14			5388

个人所得税表 | 日期型数据分组 | 薪酬

6.5.2 对选定项目进行分组

用户可以对选定的项目进行分组，方便更好地分析数据。

步骤01 打开"对选定项目进行分组"工作表，按Ctrl键选中姓名列需要组合的员工姓名，切换至"数据透视表工具-选项"选项卡，单击"分组"选项组中"将所选内容分组"按钮。

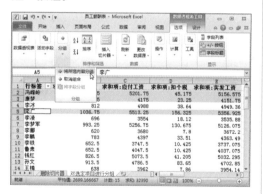

办公助手 **快捷菜单分组法**

选中需要组合的字段，单击鼠标右键，在快捷菜单中执行"创建组"命令。

步骤02 返回数据透视表中，可见选中员工组合在一起，命名为"数据组1"。

	A	B	C	D
	A5	▼	fx	李广
1	行标签	求和项:三险一金	求和项:应付工资	求和项:扣个税
2	数据组1			
3	冯峰 数据组1(姓名2)	848.25	5201.75	45.175
4	康梦 行:数据组1	725	4175	23.25
5	李广	1036.75	5513.25	156.325
6	李冰			
7	李冰	812	4988	38.64
8	李凌			
9	李凌	696	3554	18.12
10	李梦军			
11	李梦军	993.25	5256.75	130.675
12	李鹏			
13	李鹏	620	3680	7.8
14	李			

步骤03 按照相同的方法创建"数据组2"，选中"数据组1"按F2键，进行重命名。

	A	B	C	D
	A2	▼	fx	采购部
1	行标签	求和项:三险一金	求和项:应付工资	求和项:扣个税
2	采购部			
3	冯峰 采购部(姓名2)	848.25	5201.75	45.175
4	康梦 行:采购部	725	4175	23.25
5	李广	1036.75	5513.25	156.325
6	数据组2			
7	李冰	812	4988	38.64
8	李凌	696	3554	18.12
9	李梦军	993.25	5256.75	130.675
10	李鹏	620	3680	7.8
11	李鹏	783	4397	33.51
12	李铁			
13	李铁	652.5	3747.5	10.425
14	鲁肃			

6.5.3 取消分组数据的组合

如果不需要对数据进行分组了，可以选中分组的名称，如A2单元格，切换至"数据透视表工具-选项"选项卡，单击"分组"选项组中"取消组合"按钮。

也可以右键单击A2单元格，在快捷菜单中执行"取消组合"命令。

办公助手 **取消组合说明**

如果取消组合所选项的分组，则只需选中该分组，然后取消组合即可。如果是取消组合日期和时间字段组合，则所有组将被取消组合。

6.6 数据透视图

　　数据透视图是数据透视表内数据的一种表现方式。和数据透视表不同的是，它通过图的形式直观地、形象地展示数据。本节主要介绍创建数据透视图、数据透视图的常规操作和美化数据透视图等等。

6.6.1 创建数据透视图

　　创建数据透视图有两种情况，第一种是根据数据表格内的数据区域创建；第二种是根据已有的数据透视表创建。下面将分别介绍其操作方法。

（1）方法1：根据数据区域创建

步骤01 打开"薪酬表"工作表，选中表格内任意单元格，切换至"插入"选项卡，单击"表格"选项组中"数据透视表"下三角按钮，选择"数据透视图"选项。

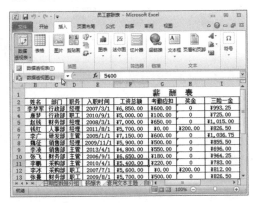

步骤02 打开"创建数据透视表及数据透视图"对话框，保持默认状态，单击"确定"按钮。

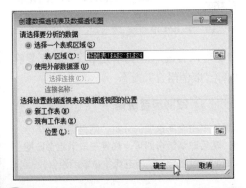

步骤03 创建一张空白的数据透视表和数据透视图，并打开"数据透视表字段列表"任务窗格。

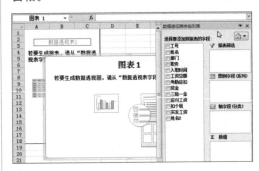

步骤04 在"数据透视表字段列表"窗格中，将"选择要添加到报表的字段"区域中"部门"字段拖曳至"轴字段（分类）"区域。

步骤05 将"职务"字段拖曳至"图例字段（系列）"区域，将"实发工资"拖曳至"数值"区域。

步骤06 返回工作表中，查看创建数据透视图后的效果。

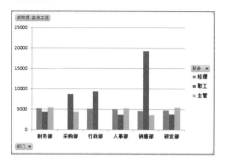

（2）方法2：通过数据透视表创建

步骤01 打开包含数据透视表的工作表，选中透视表内任意单元格，切换至"数据透视表工具-选项"选项卡，单击"工具"选项组中"数据透视图"按钮。

步骤02 打开"插入图表"对话框，选择合适的图形，此处选择"三维簇状柱形图"，单击"确定"按钮。

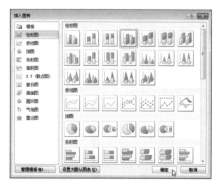

步骤03 返回工作表中查看创建数据透视图后的效果。

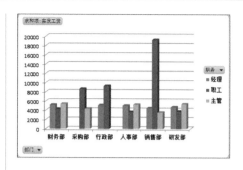

6.6.2 移动数据透视图

根据用户不同的需要可以将创建好的数据透视图移动至其他工作表中。

❶ 复制、粘贴或剪切移动数据透视图

数据透视图和普通图表一样，可以直接复制、粘贴到其他工作表中，也可以通过剪切的方法移动到其他工作表中。

步骤01 打开"移动数据透视图"工作表，选中数据透视图并单击鼠标右键，在快捷菜单中执行"复制"命令。

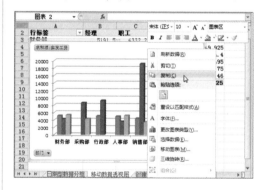

步骤02 打开需要粘贴的工作表，如"薪酬表"，选择任意单元格，单击"剪贴板"选项组中"粘贴"下三角按钮，选择使用"目标主题"选项。

步骤 03 在"薪酬表"中查看粘贴数据透视图的效果。

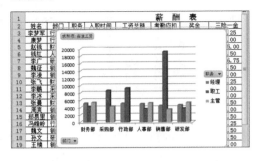

剪切的方法和复制、粘贴的方法一样，但是剪切后原数据透视图将被删除。

❷ 通过快捷菜单移动数据透视图

用户可通过快捷菜单移动数据透视图，下面将介绍具体操作方法。

步骤 01 打开"移动数据透视图"工作表，选中数据透视图单击鼠标右键，在快捷菜单中执行"移动图表"命令。

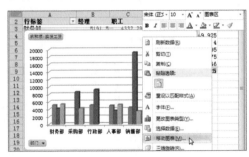

步骤 02 打开"移动图表"对话框，选中"对象位于"单选按钮，单击右侧下拉按钮，选择需要移至的工作表，如"薪酬表"，单击"确定"按钮。

步骤 03 返回"薪酬表"中查看移动数据透视图的效果。

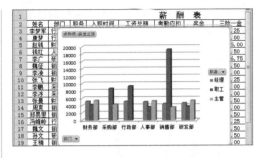

❸ 通过功能区按钮移动数据透视图

用户可以通过单击功能区的"移动图表"按钮移动数据透视图，下面将介绍具体操作方法。

步骤 01 打开"移动数据透视图"工作表，选中数据透视图，切换至"数据透视图工具-设计"选项卡，单击"位置"选项组中"移动图表"按钮。

步骤 02 打开"移动图表"对话框，选中"新工作表"单选按钮，在右侧文本框中输入创建工作表名，如"数据透视图"。

步骤 03 创建"数据透视图"工作表，并将数据透视图移至该工作表中。

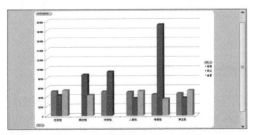

6.6.3 数据透视图的常规操作

创建数据透视图后，用户可以对透视图进一步操作，以达到满意为止，例如调整透视图的大小，更改透视图的类型和设置透视图的布局等等。

❶ 调整数据透视图的大小

用户可以根据需要适当调整数据透视图的大小，主要有两种方法，通过工具栏进行精确调整和使用鼠标拖曳。下面将介绍这两种方法。

步骤 01 打开"调整透视图的大小"工作表，选中数据透视图，切换至"数据透视图工具-格式"选项卡，在"大小"选项组中设置高度和宽度的值。

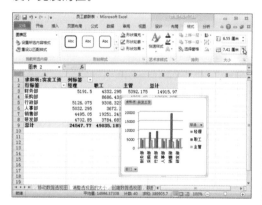

步骤 02 在"大小"选项组中设置高度和宽度的值分别8厘米和12厘米，查看调整数据透视图后的效果。

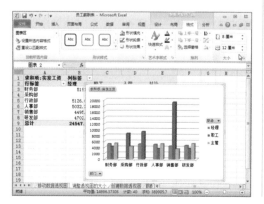

步骤 03 选中数据透视图后，在四周出8个控制点，将光标移动至任意一个控制点变为双箭头时，然后按下鼠标左键进行拖曳，至合适位置释放鼠标即可。

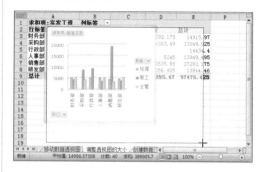

❷ 显示/隐藏数据透视图

显示/隐藏数据透视图和显示/隐藏切片器的方法一样。具体操作如下。

步骤 01 打开"隐藏数据透视图"工作表，选中数据透视图，切换至"数据透视图工具-格式"选项卡，在"排列"选项组中单击"选择窗格"按钮。

步骤 02 打开"选择和可见性"窗格，单击数据透视图名称右侧的眼睛图标即可隐藏或显示透视图。

❸ 修改透视图中系列的样式

修改数据透视图的样式可以对图形样式进一步美化，包括修改图形的数据标记的外形、填充色和改变图形线条的颜色等。

步骤 01 打开"透视图系列的样式"工作表，选中"职工"系列，单击鼠标右键，在快捷菜单中执行"设置数据系列格式"命令。

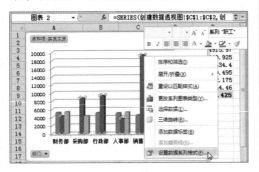

步骤 02 打开"设置数据系列格式"对话框，选择"形状"选项，在右侧"形状"区域选中"圆柱图"单选按钮。

步骤 03 选中左侧"填充"选项，在右侧"填充"区域选中"图案填充"单选按钮，选择图案的样式，设置前景色和背景色。

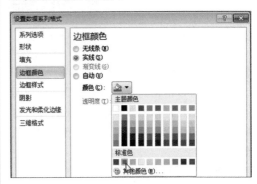

步骤 04 选中"边框颜色"选项，在右侧"边框颜色"区域选中"实线"单选按钮，设置边框的颜色为红色。

步骤 05 按照上述方法设置"边框样式"和"阴影"样式。

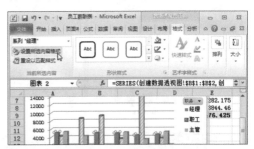

步骤 06 选中"经理"系列，切换至"数据透视图工具-格式"选项卡，单击"当前所选内容"选项组中"设置所选内容格式"按钮。

步骤07 根据上述方法设置其各样式参数。然后对"主管"系列的样式进行设置，最终效果如下图所示。

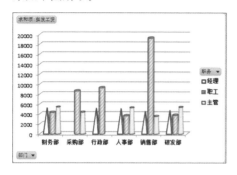

④ 更改数据透视图的类型

如果用户感觉现有的图形不能充分表现数据的特点，我们可更改图形的类型。

步骤01 打开"更改数据透视图类型"工作表，选中数据透视图，切换至"数据透视图工具-设计"选项卡，在"类型"选项组中单击"更改图表类型"按钮。

步骤02 打开"更改图表类型"对话框，选择"带数据标记的折线图"类型，单击"确定"按钮。

步骤03 返回工作表中查看将柱形图更改为折线图后的效果。

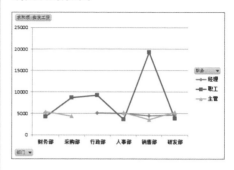

⑤ 设置数据透视图的布局

创建数据透视图之后，用户可以设置数据透视图的布局，例如添加标题、图例和数据标签等等。

步骤01 打开"设置数据透视图的布局"工作表，选中数据透视图，切换至"数据透视图工具-布局"选项卡，在"标签"选项组中单击"图表标题"下三角按钮，选择"图表上方"选项，输入标题。

步骤02 单击"坐标轴标题"下三角按钮，选择"主要纵坐标轴标题>竖排标题"选项，输入标题。

步骤03 单击"图例"下三角按钮，选择"在底部显示图例"选项，输入标题。

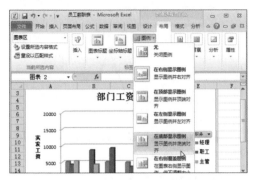

步骤04 单击"模拟运算表"下三角按钮，选择"显示模拟运算和图例标示"选项。

步骤05 返回工作表中，查看设置数据透视图布局后的效果。

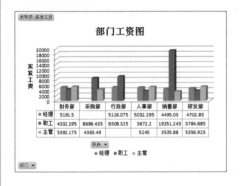

用户也可使用Excel提供的布局样式，切换至"数据透视图工具-设计"选项卡，单击"图表布局"选项组中"其他"按钮，打开布局样式，选择一种合适的布局，然后可以通过上述方法添加图表的元素，使图表更加完美。

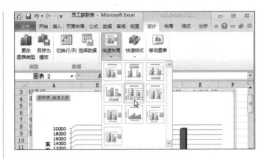

❻ 删除数据透视图

删除数据透视图和删除数据透视表的方法相似，最直接最便捷的方法就是选中数据透视图后，按Delete键。该方法只删除数据透视图，不删除数据透视表。

可以既删除数据透视图，也删除数据透视表，下面介绍其具体操作方法。

步骤01 选中透视图，切换至"数据透视图工具-分析"选项卡，单击"数据"选项组中"清除"下三角按钮，在下拉列表中选择"全部清除"选项。

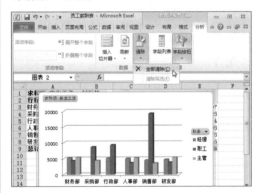

步骤02 返回工作表中查看删除数据透视图后的效果。

6.6.4 美化数据透视图

创建数据透视图后，我们可以为数据透视图添加各种艺术效果，包括设置背景、应用图表快速样式等，以达到美化数据透视图的目的。

步骤01 打开"美化数据透视图"工作表，选中数据透视图，切换至"数据透视图工具-设计"选项卡，在"图表样式"选项组中单击"其他"按钮，在打开的样式库中选择合适的图表样式。

步骤02 切换至"数据透视图工具-格式"选项卡，在"形状样式"选项组中单击"其他"按钮，在打开的样式库中选择合适的形状样式。

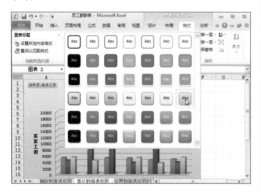

办公助手 **打开"设置图表区格式"对话框的方法**

打开"设置图表区格式"对话框的方法很多，除了使用右键快捷菜单外，还可以双击数据透视图；在"数据透视图工具-格式"选项卡中，单击"形状样式"或"大小"的对话框启动器按钮。

步骤03 用户也可以为数据透视图添加背景图片，选中透视图单击鼠标右键，在快捷菜单中执行"设置图表区域格式"命令。

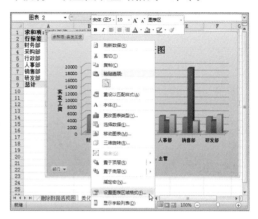

步骤04 打开"设置图表区格式"对话框，选中"图片或纹理填充"单选按钮，单击"文件"按钮。

步骤05 打开"插入图片"对话框，选择合适的图片，单击"插入"按钮，返回工作表中，查看设置数据透视图样式后的效果。

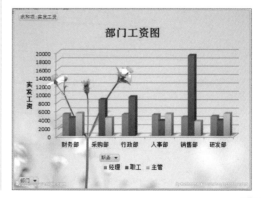

读书笔记

Chapter

07

制作网上购物流程图

本章概述

在Excel报表中添加富有视觉效果的各种图形图像元素，可以让枯燥的报表变得富有趣味，并且合理地应用这些图形图像元素可以更加直观、清晰地展现报表数据。本章主要介绍图片、剪贴画等插入操作、艺术字的使用、SmartArt图形的应用、文本框的使用以及各种形状的插入操作。

本章要点

在工作表中插入图片

在工作表中插入文本框

在工作表中插入形状

创建SmartArt图形

应用SmartArt图形创建网购流程图

创建带图片的SmartArt图形

7.1 在报表中插入剪贴画与图片

在Excel 2010中，我们可以根据实际需要，在报表中插入图片、剪贴画和屏幕截图等图形图像元素，从而使表格更加美观，数据表达更加清晰。在表格中插入图片后，我们还可以对其进行编辑和美化操作，本节将详细介绍在表格中插入图片和剪贴画的操作方法。

7.1.1 插入剪贴画

剪贴画是Excel中自带的图片或图像文件，包括插图、照片、视频和音频四种类型。下面介绍在工作表中搜索并插入剪贴画的操作方法。

步骤01 打开工作表后，切换至"插入"选项卡，单击"插图"选项组中的"剪贴画"按钮。

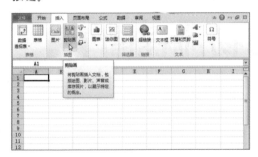

步骤02 在打开的"剪贴画"窗格中，单击"结果类型"下三角按钮，选择需要搜索的剪贴画类型，这里只勾选"插图"和"照片"复选框。

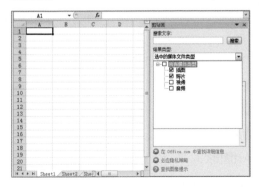

步骤03 根据需要在"搜索文字"文本框中输入要插入的剪贴画的关键字，然后单击"搜索"按钮。

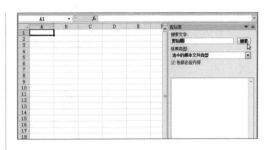

步骤04 剪贴画搜索完毕后，搜索结果会显示在窗格的列表框中，选择需要的剪贴画，单击该剪贴画右侧的下三角按钮，执行"插入"命令，将其插入到工作表中。也可以直接单击该剪贴画，即可插入到工作表中。

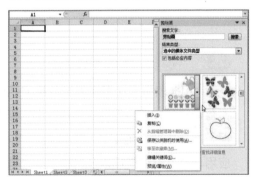

步骤05 单击"剪贴画"窗格右上角的"关闭"按钮，关闭窗格后查看插入的剪贴画效果。

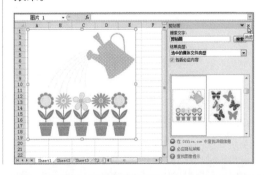

7.1.2 使用来自文件的图片

我们可以在Excel中插入保存在电脑中的图片文件，来帮助读者理解工作表中的数据，并可以美化表格的整个布局。在插入图片时，我们可以一次插入一张图片，也可以一次插入多张图片，具体操作方法如下。

步骤01 打开Excel工作表后，切换至"插入"选项卡，单击"插图"选项组中的"图片"按钮。

步骤02 在打开的"插入图片"对话框中，选择需要插入的图片，单击"插入"按钮。

步骤03 返回工作表中，可以看到所选图片已经插入到工作表中。

办公助手　一次插入多张图片

在工作表中插入图片时，若要一次插入多张图片到工作表中，则在打开的"插入图片"对话框中，按住Ctrl键不放，依次单击要插入的图片后，单击"插入"按钮，即可一次插入多张图片。

7.1.3 屏幕截图

"屏幕截图"是Excel 2010新增的功能，用于将当前系统所打开的程序窗口图片添加到工作表中。截图时，可以根据需要截取全屏图片，也可以自定义截取画面的范围。

① 截取全屏图像

截取全屏画面时，我们只要选择了要截取的程序窗口，Excel就会自动执行截图操作，并将截图结果插入到工作表中。

步骤01 打开Excel工作表后，切换至"插入"选项卡，单击"插图"选项组中的"屏幕截图"下三角按钮，在打开的列表中单击要截取的程序窗口。

步骤02 这时可以看到，Excel自动将所选程序窗口图片插入到工作表中。

❷ 自定义屏幕截图

在进行自定义屏幕截图时，我们可以根据需要截取屏幕的窗口，也可以对截取图片的范围进行选择，具体操作方法如下。

步骤01 首先打开要自定义截图的应用程序，切换至"插入"选项卡，单击"插图"选项组中的"屏幕截图"下三角按钮，选择"屏幕剪辑"选项。

步骤02 这时系统会自动切换至需要进行屏幕剪辑的画面，等待几秒后，程序画面会进入到一种白雾状态。拖动鼠标选择截图的范围后，释放鼠标左键。

步骤03 返回工作表中，在Excel中光标所在位置处可以看到所截的图。

7.1.4 编辑和调整图片

在工作表中插入剪贴画、图片或屏幕截图后，我们可以需要对插入的图片进行相应的编辑和调整。

❶ 调整图片大小

在工作表中插入图片后，我们可以根据实际需要调整图片在工作表中的大小。下面介绍两种调整图片大小的方法。

（1）方法1：使用鼠标调整图片大小

步骤01 选中工作表中需要调整大小的图片，将光标指向图片右下角的控制点上，待光标变成双向箭头时，按住左键不放进行拖动。

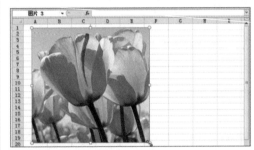

步骤02 向外拖动，图片将变大；向内拖动，图片将变小。拖动鼠标将图片调整到合适大小后，释放鼠标即可完成图片大小的调整。

（2）方法2：在功能区中精确调整图片大小

选中工作表中需要调整大小的图片，切换至"图片工具-格式"选项卡，在"大小"选项组中的"形状高度"数值框中输入所需数值，按下Enter键，即可完成调整图片大小的操作。

（3）方法3：使用对话框调整图片大小

步骤01 选中工作表中需要调整大小的图片并右击，在弹出的快捷菜单中执行"大小和属性"命令。

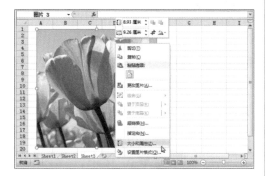

步骤02 将打开"设置图片格式"对话框，在"大小"选项面板中，设置图片的"高度"和"宽度"值，并根据需要勾选"锁定纵横比"复选框，设置完成后单击"关闭"按钮，返回工作表中查看设置后的图片效果。

❷ 裁剪图片

在工作表中插入图片后，我们可以需要对插入的图片进行相应的裁剪操作，下面分别介绍快速裁剪图片、根据纵横比裁剪图片以及将图片裁剪为形状的具体操作方法。

（1）方法1：快速裁剪图片

步骤01 选中工作表中要裁剪的图片并右击，在弹出的悬浮工具栏中单击"裁剪"按钮。

步骤02 这时可看到图片四周显示裁剪手柄，拖动裁剪手柄，裁剪出需要的图片区域。

步骤03 裁剪完成后，单击图片外的任意区域，即可完成图片的裁剪操作。

办公助手 **其他显示裁剪手柄的方法**

选中工作表中需要裁剪的图片，切换至"图片工具-格式"选项卡，单击"大小"选项组中的"裁剪"下三角按钮，选择"裁剪"选项。

（2）方法2：根据纵横比裁剪图片

步骤01 选中工作表中需要裁剪的图片，切换至"图片工具-格式"选项卡，单击"大小"选项组中的"裁剪"下三角按钮，选择"纵横比"选项，在子列表中选择所需的纵横比选项。

步骤02 这时可以看到，工作表中的图片已经根据所选的纵横比进行了相应的裁剪操作，单击图片外的任意区域，即可完成图片的裁剪操作。

（3）方法3：将图片裁剪为形状

步骤01 选中工作表中需要裁剪的图片，切换至"图片工具-格式"选项卡，单击"大小"选项组中的"裁剪"下三角按钮，选择"裁剪为形状"，在子列表中选择所需的形状选项。

步骤02 这时可看到工作表中的图片已经根据所选的形状，进行了相应的形状裁剪操作。

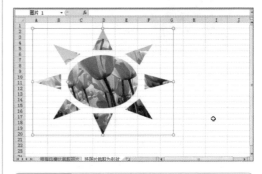

办公助手 **按照填充或调整来裁剪图片**

选择需要裁剪的图片，单击"图片工具-格式"选项卡下的"裁剪"下三角按钮，选择相应的选项：

- 选择"填充"选项，将重新设置图片大小，填充整个图片区域并保持纵横比。所有图片区域以外的部分将被裁剪掉；
- 选择"调整"选项，将重新设置图片大小，使整个图片显示与图片区域内并保持纵横比。

③ 旋转图片

我们对插入工作表中的图片进行旋转操作，下面介绍具体操作方法。

（1）方法1：手动旋转图片

步骤01 选中需要旋转的图片，将光标定位在图片顶部绿色旋转手柄处，这时光标将变成自由旋转图标。

步骤02 拖动鼠标旋转图片至合适的角度。

步骤03 旋转完成后，单击图片外任意单元格，即可完成旋转操作。

（2）方法2：使用命令进行图片旋转操作

步骤01 选中需要旋转的图片并右击，在打开的悬浮工具栏中单击"旋转"按钮。

步骤02 在打开的下拉列表中选择需要的旋转操作。

步骤03 Excel即可执行相应的旋转操作。

办公助手 **其他旋转图片的方法**

选中工作表中需旋转的图片，切换至"图片工具-格式"选项卡，单击"排列"选项组中的"旋转"下三角按钮，选择想要的旋转选项。

7.1.5 设置图片格式

在Excel 2010中，为了使表格更加美观，数据表达更加清晰，我们在表格中添加图片后，可以对图片格式进行相应的设置，使插入的图片更加美观。

❶ 为图片应用艺术效果

在Excel 2010的图片艺术效果库中提供了为图片进行格式设置的多个选项，应用这些艺术效果选项，可以快速为插入表格中的图片添加艺术效果，具体操作方法如下。

步骤01 打开Excel 2010，选中需要设置格式的图片，切换至"图片工具-格式"选项卡，单击"调整"选项组中的"艺术效果"下三角按钮，选择所需的艺术效果选项。

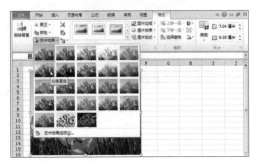

步骤02 可以看到，所选图片已经应用了选择的艺术效果。

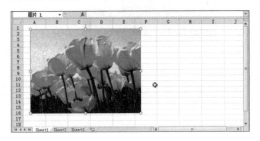

❷ 为图片应用快速样式

图片样式包括图片边框和效果等多种格式，在Excel 2010中提供了28种图片预设样式，我们可以根据需要套用这些图片样式。

步骤01 选中需要设置格式的图片，切换至"图片工具-格式"选项卡，单击"图片样式"选项组中的"其他"下三角按钮，在打开的图片样式库中选择所需的选项。

步骤02 单击所需样式效果，即可将该效果应用到选中的图片上。

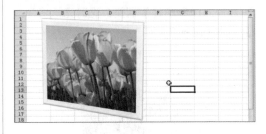

❸ 为图片添加文字

在Excel中插入图片后，我们还可以在图片上添加文字注释，具体操作如下。

步骤01 选中需要添加文字的图片，切换至"插入"选项卡，单击"文本框"下三角按钮，选择"横排文本框"选项。

步骤02 在图片中选定要输入文字的范围，按住鼠标左键绘制文本框，然后在文本框中输入文字。

步骤03 选中创建的文本框，在"绘图工具-格式"选项卡下的"形状样式"选项组，设置"形状填充"和"形状轮廓"均为无颜色，并对文本框文字进行相应的设置（具体操作方法将在下节进行详细介绍）。

7.2 使用文本框

文本框是一种特殊的图形对象，在报表制作过程中，如果一些文本内容需要以类似图片的方式显示在工作表中，这时我们可以根据需要，在工作表中插入文本框。利用文本框可以在工作表的任何位置设置文本显示，而不必受单元格的约束。

7.2.1 插入文本框

在Excel 2010中，文本框包括横排文本框和竖排文本框，其插入到工作表中的操作方法相同，下面介绍具体操作步骤。

步骤01 打开工作表后，切换至"插入"选项卡，单击"文本"选项组中的"文本框"下三角按钮，选择要插入的文本框类型，这里选择"横排文本框"选项。

步骤02 此时可以看到，光标呈十字形状，在工作表中的目标位置按住鼠标左键不放并拖动，绘制文本框。

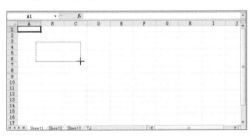

步骤03 默认情况下，绘制的文本框为白色背景，在其中输入文本内容即可。

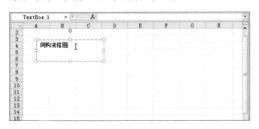

7.2.2 设置文本框格式

在工作表中插入文本框后，我们可以对文本框的格式进行更改，使之更加美观，下面介绍具体操作。

步骤01 选中文本框后，切换至"开始"选项卡，在"字体"选项组中对文本的字体、字号、文本颜色等进行设置。

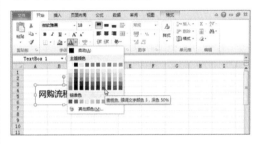

步骤02 我们还可以在"对齐方式"选项组中对文本框中文本的对齐方式进行设置。

办公助手 **设置文本框大小**

我们还可以根据需要设置文本框的大小，选中文本框，将光标放在右下角的控制柄上，待光标变为双向箭头，按住鼠标左键不放拖动即可改变文本框的大小。

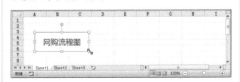

步骤03 在"绘图工具-格式"选项卡下，单击"艺术字样式"选项组的"文本填充"下三角按钮，对文本填充效果进行设置。

步骤04 单击"艺术字样式"选项组中的"文本轮廓"下三角按钮，设置艺术字的文本轮廓效果。

步骤05 若要快速设置文本框中的字体效果，可以直接单击"艺术字样式"选项组中的"快速样式"下三角按钮，选择所需的文本样式。

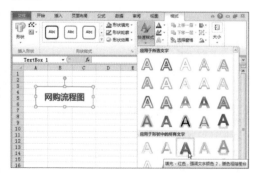

步骤06 默认插入工作表中的文本框为白色背景，若要设置文本框的背景颜色，则切换至"绘图工具-格式"选项卡，单击"形状样式"选项组中的"形状填充"下三角按钮，在打开的列表中设置背景效果。

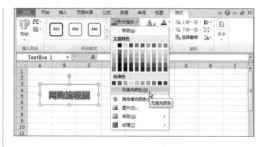

步骤07 若要设置文本框的轮廓颜色，则在"绘图工具-格式"选项卡的"形状样式"选项组中，单击"形状轮廓"下三角按钮，在打开的列表中设置文本框的轮廓颜色。

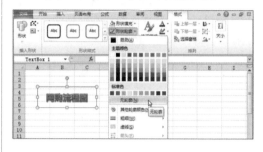

步骤08 设置完成后，单击工作表中的任意单元格，查看文本框的设置效果。

办公助手 **更改文本框中文字方向**

选中文本框后，切换至"开始"选项卡，单击"对齐方式"选项组中的"方向"下三角按钮，选择所需文字方向选项即可。

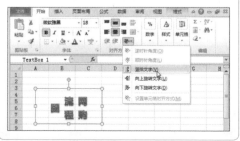

7.3 在报表中绘制图形

Excel中的形状也叫做自选图形，包括基本形状、箭头总汇、公式形状、流程图以及标注等类型，我们可以选择相应的形状类型，绘制所需的图形。形状绘制完成后，我们还可以对其进行相应的编辑美化操作，使绘制的形状更加美观。

7.3.1 插入形状

Excel 2010提供了强大的绘图功能，利用Excel的绘图功能，可以在工作表中非常方便地绘制各种线条、基本形状、流程图或标注等。下面介绍在工作表中绘制形状的操作方法，具体如下。

步骤 01 打开工作表，切换至"插入"选项卡，在"插图"选项组中单击"形状"下三角按钮，在下拉列表中选择需要插入的形状选项。

步骤 02 此时光标变为十字形状，按住鼠标左键不放，拖动绘制所选形状。

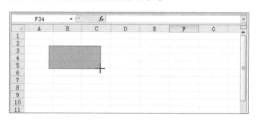

办公助手 绘制长宽比相等的形状

在绘制形状的过程时，若想绘制长宽比相等的形状，则在拖动鼠标绘制的同时按住Shift键。

步骤 03 拖动鼠标绘制合适大小的形状后，释放鼠标即可查看绘制的图形效果。

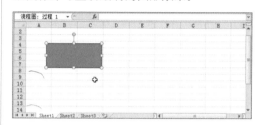

7.3.2 设置形状格式

在工作表中绘制图形后，为了使其与工作表中的数据更加协调，我们可以进行形状格式的设置，包括调整形状大小、复制形状、删除形状等。

❶ 调整形状大小

在工作表中插入形状后，若形状大小不合适，可以进行相应的调整。

选中要调整大小的形状，将光标放在右下角的控制柄上，待光标变为双向箭头，按住鼠标左键不放进行拖动，即可改变形状的大小。

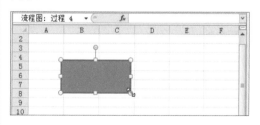

办公助手 调整形状位置

绘制形状后，可以根据需要调整形状的位置。我们可以选中形状后，直接将其拖动到目标位置；也可以选中形状后，使用键盘上的方向键进行微调。

❷ 复制形状

在工作表中创建一个形状后，我们可以对创建的形状进行复制操作，复制出多个相同的形状，具体操作如下。

步骤01 选中形状后，在"开始"选项卡下"剪贴板"选项组中，单击"复制"按钮，或直接按下快捷键Ctrl+C。

步骤02 单击要复制到的位置后，单击"剪贴板"选项组中的"粘贴"按钮，或直接按下快捷键Ctrl+V。

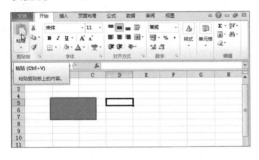

步骤03 这时可以看到，在目标位置复制了一个相同的形状。

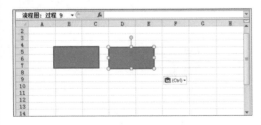

❸ 对齐与分布形状

在工作表中插入多个形状后，我们可应用"对齐"功能，让多个形状在垂直方向上左、中、右对齐，在水平方向上顶、中、底

部对齐；若要让工作表中的多个形状水平或垂直方向上均匀分布，可执行横向均匀分布或纵向均匀分布操作，下面介绍操作方法。

步骤01 按住Shift键的同时单击所有的形状，将其同时选中。切换至"绘图工具-格式"选项卡，单击"排列"选项组中的"对齐"下三角按钮，选择所需的对齐选项，这里选择"顶端对齐"选项。

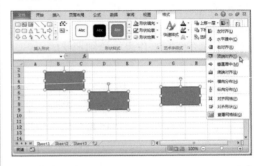

步骤02 这时可以看到，所有的形状都对齐到所选形状的顶端。

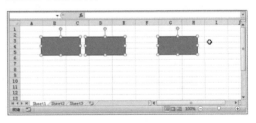

步骤03 继续保持所有的形状的选中状态，再次单击"对齐"下三角按钮，选择所需的形状分布方式，这里选择"横向分布"选项。

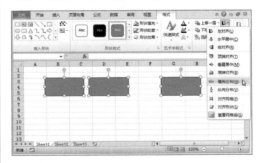

步骤04 这时可以看到，所有的形状都已经均匀地横向分布对齐了。

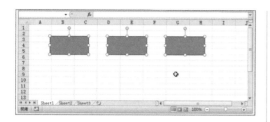

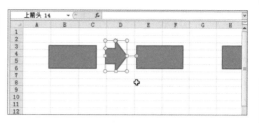

在"对齐"下拉列表中包含了多个选项，我们应根据实际需要选择合适的对齐与分布选项，各选项的含义如下：

- 选择"左对齐"、"水平居中"和"右对齐"选项，将形状对齐到所选形状或工作表的最左边、水平中心或最右边；
- 选择"顶端对齐"、"垂直居中"和"底端对齐"选项，将形状对齐到所选形状或工作表的顶端、垂直中心或底端；
- 选择"横向分布"或"纵向分布"选项，将均匀地横向或纵向分布形状；
- 选择"对齐网格"选项，将形状与网格线对齐；
- 选择"对齐形状"选项，将形状相互对齐。

❹ 旋转与翻转形状

在工作表中创建形状后，我们可以根据需要旋转或翻转形状以更改其方向，使创建的形状更加符合要求。

（1）方法1：按任意角度旋转形状

步骤 01 选中需要旋转的形状，将光标移至形状顶部的绿色旋转手柄上，待光标变为自由旋转形状时，按住鼠标左键不放并进行拖动，旋转形状。

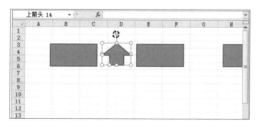

步骤 02 旋转至合适位置后，释放鼠标，即可将形状按任意角度进行旋转。

（2）方法2：按预设角度旋转或翻转对象

步骤 01 选中需要旋转或翻转的形状，将切换至"绘图工具-格式"选项卡，单击"旋转"下三角按钮，在下拉列表中选择"向左旋转90°"选项。

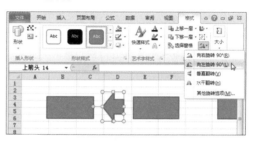

步骤 02 这时可以看到，所选形状已经向左旋转90度了。再次单击"旋转"下三角按钮，选择"水平翻转"选项。

步骤 03 可以看到，所选形状进行水平翻转显示，单击工作表中任意单元格即可。

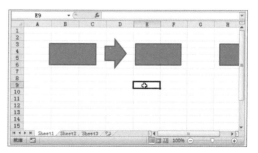

7.3.3 在形状中添加文本

在工作表中插入形状后，我们还可以在形状中添加文本，在形状中添加文本的方法和在文本框中添加文本的方法相同。下面介绍操作方法。

步骤01 首先选中需要添加文本的形状，然后输入所需文本即可。

步骤02 选中形状中需要换行的文本位置，按下Enter键，即可对文本进行换行。

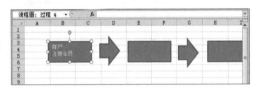

步骤03 选中形状并右击，在弹出的浮动工具栏中单击所需的文本对齐按钮，设置文本对齐方式。

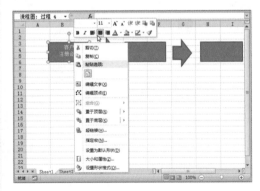

7.3.4 美化形状

在工作表中插入形状并输入文本内容后，我们可以对形状和文本进行适当的美化。美化形状包括形状和文本的填充、轮廓、效果设置等，Excel中预设了一些形状和文本样式，我们也可以直接套用。

❶ 美化形状样式

下面介绍Excel中形状样式的美化操作，具体如下。

步骤01 选中形状后，切换至"绘图工具-格式"选项卡，单击"形状样式"选项组中的"形状填充"下三角按钮，选择形状的填充颜色。

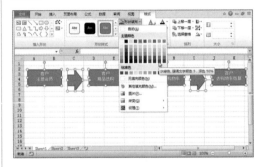

步骤02 设置形状填充颜色后，单击"形状样式"选项组中的"形状轮廓"下三角按钮，选择形状的轮廓颜色。

步骤03 要设置形状的效果，可以单击"形状轮廓"下三角按钮，在下拉列表中选择形状的显示效果。

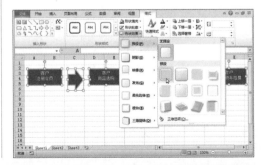

步骤04 我们还可以直接应用Excel形状预设库中预设的形状样式，快速美化形状。单击"形状样式"选项组中的"其他"下三角按钮，选择所需的预算样式即可。

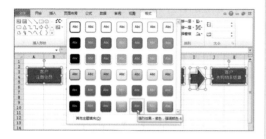

步骤05 单击即可将所需样式应用到形状上，单击工作表中任意单元格，查看效果。

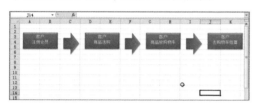

❷ 美化形状文本

下面介绍对工作表中的形状文本的美化方法，具体如下。

（1）方法1：在"绘图工具-格式"选项卡设置

选中形状后，切换至"绘图工具-格式"选项卡，在"艺术字样式"选项组中对形状中的文本效果进行设置。

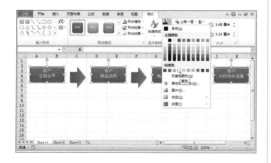

- 单击"文本填充"下三角按钮，在下拉列表中设置文本的颜色；
- 单击"文本轮廓"下三角按钮，在下拉列表中选择文本的轮廓颜色；

- 单击"文本效果"下三角按钮，在打开的列表中对文本应用外观效果，如阴影、发光、映像和三维旋转等；
- 单击"艺术字样式"选项组的"其他"下三角按钮，在打开的艺术字样式库中选择预设的艺术字样式，直接应用到形状文本中。

（2）方法2：在对话框中进行设置

步骤01 选中形状后，切换至"绘图工具-格式"选项卡，单击"艺术字样式"选项组的对话框启动器按钮。

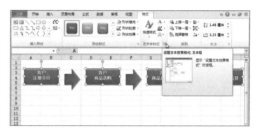

步骤02 在打开的"设置文本效果格式"对话框中，对形状文本的颜色、边框、轮廓以及三维效果等进行设置。

（3）方法3：在"开始"选项卡设置

选中形状文本后，切换至"开始"选项卡，在"字体"选项组中对文本的格式进行适当的设置。

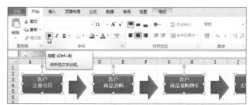

7.4 创建SmartArt图形

在上小节中，我们介绍了形状的插入与使用方法，可以应用形状来描述工作中的流程或关系，但是描述流程、关系、列表、层次结构或循环效果时，使用SmartArt是最佳的选择。SmartArt图形也可以说是自选图形的组合，经过专业的设计后以独立的形式表现出来。SmartArt图形是信息和观点的视觉表现形式，能够快速有效地传达信息。

7.4.1 认识SmartArt图形

Excel 2010中有列表、流程、循环、层次结构、关系、矩阵、棱锥图和图片8种SmartArt图形类型，我们根据需要创建合适的SmartArt图形类型。

步骤01 打开工作表后，切换至"插入"选项卡，单击"插图"选项组中SmartArt按钮。

步骤02 在打开的"选择SmartArt图形"对话框中，选择合适的图形类型，单击"确定"按钮。

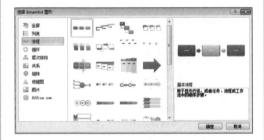

办公助手 | **SmartArt图形类型的选择**

- "列表"用于展示任务、流程或工作流中的顺序步骤；"流程"用于展示时间线或流程的步骤；"循环"用于展示重复连续的流程；"层次结构"用于展示决策树或创建组织架构图；"关系"用于描述关系；
- "矩阵"用于展示部分如何与整体相关联；"棱锥图"用于展示成比例的关联性上升与下降情况；"图片"用于将图片转换成SmartArt图形；Office.com：用于显示Office.com中SmartArt图形。

步骤03 这时可以看到，工作表中已经插入了所选样式的SmartArt图形。

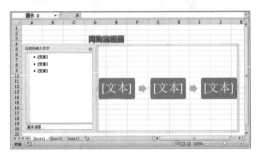

7.4.2 设置SmartArt图形格式

在工作表中创建SmartArt图形后，我们可以根据需要对图形格式进行设置，具体操作如下。

步骤01 创建SmartArt图形后，切换至"SmartArt工具-设计"选项卡，单击"创建图形"选项组中的"文本窗格"按钮，隐藏文本窗格，若要显示，则再次单击"文本窗格"按钮即可。

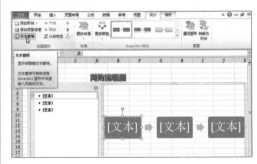

步骤02 选中SmartArt图形后，将光标放在图形的右下角，待变为双向箭头形状时，按住鼠标左键不放进行拖动，拖动到适当位置释放鼠标，即可更改其大小。

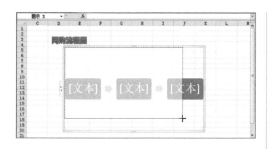

步骤03 选中SmartArt图形后，带光标变为十字箭头形状时，按住鼠标左键不放进行拖动，即可移动SmartArt图形。

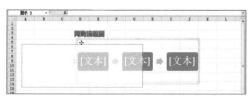

办公助手 **删除SmartArt图形**

选中SmartArt图形后，按键盘上的Delete键即可将其删除。

7.4.3 在SmartArt图形中添加形状并输入文字

在工作表中插入SmartArt图形后，若图形中的形状不够，可以在SmartArt图形中添加形状，然后输入所需的文本内容，具体操作如下。

步骤01 选中插入的SmartArt图形，切换至"SmartArt工具-设计"选项卡，单击"创建图形"选项组中的"添加形状"下三角按钮，选择插入形状的位置。

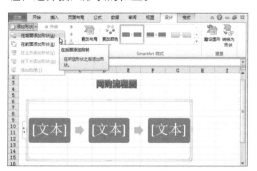

步骤02 根据需要插入多个形状，然后单击图形左侧的展开按钮，打开文本窗格。

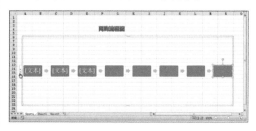

步骤03 在展开的文本窗格中，将光标定位到需要输入文本的形状，然后输入相应的文本内容。

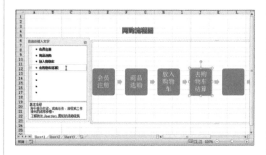

步骤04 我们也可以单击SmartArt图形中的形状，直接在输入文本内容。

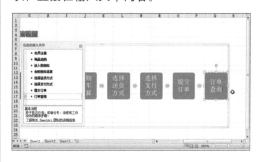

步骤05 单击文本窗格右上角的"关闭"按钮，查看输入文本后的图形效果。

7.4.4 更改SmartArt图形样式

创建SmartArt图形后，如果创建的图形不符合我们的要求，还可以更改图形样式，具体操作如下。

步骤01 选中SmartArt图形后，切换至"SmartArt工具-设计"选项卡，单击"布局"选项组中的"其他"下三角按钮，在下拉列表中重新选择所需的图形样式。

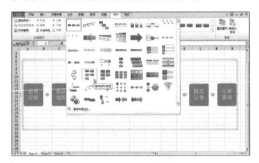

步骤02 然后将光标移至SmartArt图形右下角，待光标变为双向箭头时按住鼠标左键不放进行拖动。

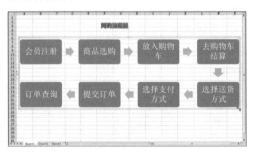

步骤03 调整SmartArt图形至合适的大小后，释放鼠标即可查看更改图形样式后的效果。

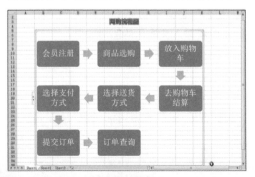

7.4.5 美化SmartArt图形

创建SmartArt图形后，我们还可以对其进行相应的美化操作，具体操作如下。

步骤01 选中SmartArt图形并右击，在弹出的浮动工具栏中设置文本的字号大小。

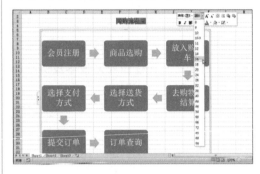

步骤02 切换至"SmartArt工具-格式"选项卡，单击"艺术字样式"选项组中的"其他"下三角按钮，选择合适的文本艺术字样式。

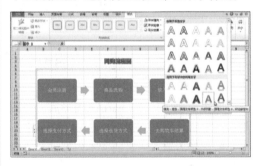

步骤03 切换至"SmartArt工具-设计"选项卡，单击"SmartArt样式"选项组中的"更改颜色"下三角按钮，在下拉列表中选择合适的SmartArt图形颜色。

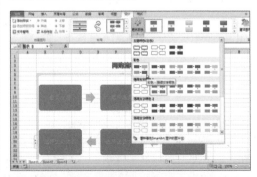

步骤 04 然后单击"SmartArt样式"选项组中的"其他"下三角按钮，在下拉列表中选择SmartArt图形的总体外观样式。

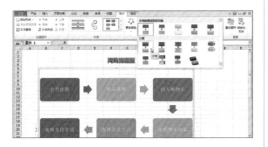

步骤 05 选中SmartArt图形，再次设置合适的大小后切换至"视图"选项卡，在"显示"选项组中取消勾选"网格线"复选框。

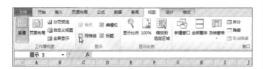

步骤 06 经过上面的设置后，可看到SmartArt图形已经应用的相应的格式效果，效果如下图所示。

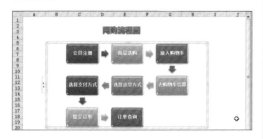

7.4.6 创建带图片的SmartArt 图形

创建SmartArt图形时，若觉得单纯的文字表述很无趣，可以将图片添加到SmartArt图形中，让枯燥的文字变得更加精彩。创建带图片的SmartArt图形是Excel 2010新增的功能，下面介绍两种创建带图片的SmartArt图形的操作方法。

（1）方法1：创建SmartArt图形并添加图片

步骤 01 打开工作表，切换至"插入"选项卡，单击"插图"选项组中SmartArt按钮。

步骤 02 在打开的"选择SmartArt图形"对话框的SmartArt图形类型列表中选择"图片"选项，在右侧的面板中选择所需的图形样式，单击"确定"按钮。

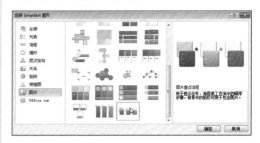

步骤 03 返回工作表中，可看到创建的带有图片文本占位符的SmartArt图形。单击文本占位符，输入文本文字后，单击图片占位符。

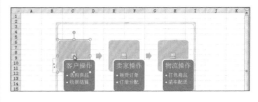

步骤 04 在打开的"插入图片"对话框中，找到需要插入图形中文件的位置并选中图片后，单击"插入"按钮。

步骤05 返回工作表，查看插入图片的效果。

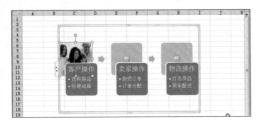

步骤06 用同样的方法，将所需的图片插入到相应的SmartArt图形中。

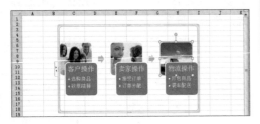

步骤07 选中SmartArt图形后，对其进行相应的美化操作。

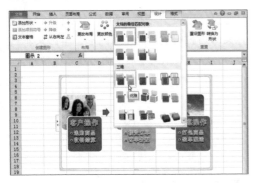

步骤08 切换至"视图"选项卡，在"显示"选项组中取消勾选"网格线"复选框，查看最终的效果。

（2）方法2：将图片转换为SmartArt图形

步骤01 在工作表中插入图片后，切换至"图片工具-格式"选项卡，单击"图片样式"选项组中的"图片版式"下三角按钮，选择所需的SmartArt图形样式。

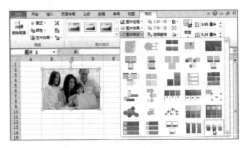

步骤02 即可看到在工作表中插入的SmartArt图形，切换至"SmartArt工具-设计"选项卡，单击"添加形状"下三角按钮，选择插入形状的位置。

步骤03 添加形状后，将光标放在图形的右下角，待变为双向箭头形状时，按住鼠标左键不放进行拖动，设置形状大小。

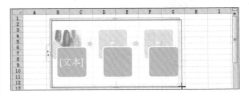

步骤04 输入所需的文字，并对SmartArt图形进行美化后，查看最终效果。

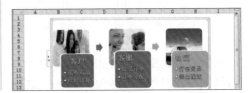

Chapter

08

制作手机销售
分析图表

本章概述

为让要表达的信息更加直观，更具说服力，通常我们应该遵循的原则是：能用数据展示的，绝不用文字说明；能用图形显示的，决不用数据说明。因为数据比文字更有说服力，而我们对图形的理解和记忆能力又远远胜过文字和数据。为更好地掌握图表的创建方法与技巧，在此以手机销售分析图表的制作为例进行介绍。

本章要点

图表的类型

创建图表

更改图表的数据源

设置图表的布局

添加趋势线和折线

应用图表样式

创建与美化迷你图

8.1 认识图表

Excel 2010提供类型丰富的图表，利用图表可以更直观地、清晰地展示数据。图表可以把数据的分布情况或变化趋势展现地淋淋尽致。本节将介绍图表的基础知识、美化图表以及迷你图的应用。

8.1.1 图表的类型

Excel 2010支持多种类型的图表，常见图表类型有：柱形图、拆线图、饼图和面积图等，下面详细介绍各图表类型及应用范围。

❶柱形图

柱形图一般用于显示一段时间内的数据变化或说明各项之间的比较情况。在柱形图中，一般沿横坐标轴组织类别，沿纵标轴组织数组。

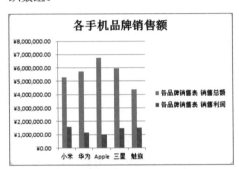

柱形图类型还包含二维柱形图、三维柱形图、圆柱图、圆锥图和棱锥图。

❷折线图

折线图一般用于显示随着时间变化的连续数据，用来反应在相等时间间隔下数据的趋势，一般在工程方面应用较多。

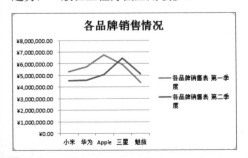

折线图类型包括二维折线图和三维折线图。其中二维折线图包括带数据标记的折线图，如下图所示。

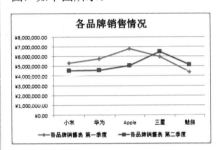

折线图包括二维折线图和三维折线图，具体子类型如下图所示。

❸饼图

饼图用于显示一个数据系列中各项的大小，与各项总和成比例。饼图中的数据点显示为整个饼图的百分比。

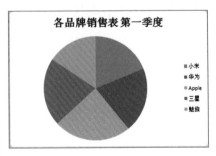

饼图包括二维饼图和三维饼图，其子类型如下图所示。

④ 条形图

用于比较多个类别的数值。因为它与柱形图的行和列刚好是调过来了，所以有时可以互换使用。

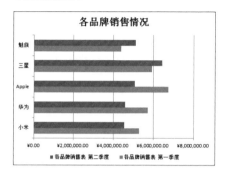

条形图包括二维条形图、三维条形图、圆柱图、圆锥图和棱锥图，其子类型如下图所示。

⑤ 面积图

强调数值随时间变化的程度，可引起人们对总值趋势的关注。通常显示所绘的值的总和或显示整体与部分间的关系。

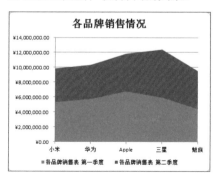

面积图包括二维面积图和三维面积图，其子类型如下图所示。

⑥ 散点图

用于显示若干数据系列中各个数值之间的关系，通常用于显示和比较数值。散点图的重要作用是可以用来绘制函数曲线，从简单的三角函数、指数函数、对数函数到更复杂的混合型函数，都可以利用散点图快速准确地绘制出曲线，所以在教学、科学计算中会经常用到。

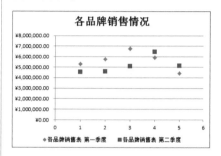

散点图的子类型如下图所示。

⑦ 气泡图

气泡图是散点图的变形，能够表示三个变量（x, y, z）的关系。利用数据标记的气泡的大小来显示第三个变量的大小。气泡图的水平轴和垂直轴都是数据轴。

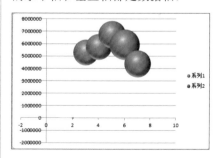

气泡图的子类型如下图所示。

⑧ 圆环图

圆环图和饼图一样，显示各个部分与整体间的关系，但它可以包含多个数据系列。圆环图的每个圆环分别代表一个数据系列。

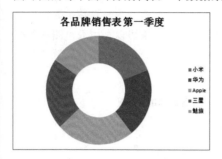

各品牌销售表 第一季度

圆环图的子类型如下图所示。

⑨ 雷达图

雷达图显示各数值相对应于中心点的变化。在填充雷达图中，由一个数据系列覆盖的区域用一种颜色来填充。

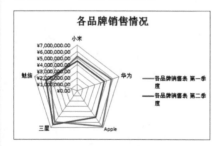

雷达图的子类型如下图所示。

⑩ 曲面图

使用曲面图可以找到两组数据之间的最佳组合。曲面图的颜色和图案表示处于相同数值范围内的区域。当类别和数据系列都是数值时可以使用曲面图。

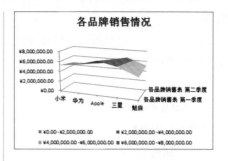

曲面图的子类型如下图所示。

8.1.2 图表的组成

图表组成的元素很多，通常情况下图表包含部分元素，但是其他的元素是可以根据需要添加的。

图表中的元素很灵活，用户可以调整元素的大小或移动其位置等等，如果不需要也可以将其删除。

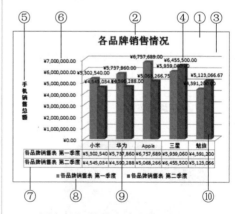

图上标记的数字介绍如下。

①图表区　　　　　　②图表标题
③绘图区　　　　　　④数据标签
⑤纵坐标标题　　　　⑥纵坐标
⑦模拟运算表　　　　⑧图表的图例
⑨横坐标轴　　　　　⑩系列值

上图中基本上包含了所有的图表元素，在后面的章节中将会介绍添加元素。

8.2 图表的创建与编辑

图表是展示数据的最好方法，能直观地展示数据的趋势。熟练掌握图表的操作和应用，从而使数据图文并茂，更具有说服力。本节主要介绍创建图表、修改图表类型和更改图表的数据源操作。

8.2.1 创建图表

图表的好处这么多，首先我们要学习如何创建图表？下面介绍创建图表的三种方法。

(1) 方法1：使用对话框创建图表

步骤01 打开"创建图表"工作表，选中表内任意单元格，切换至"插入"选项卡，单击"图表"选项组中对话框启动器按钮。

步骤02 打开"插入图表"对话框，选择合适的图表类型，此处选择"三维簇状柱形图"，单击"确定"按钮即可。

(2) 方法2：使用功能区创建图表

步骤01 选中表内任意单元格，切换至"插入"选项卡，单击"图表"选项组中"柱形图"下三角按钮，在列表中选择合适的图表

类型，此处选择"三维簇状柱形图"。

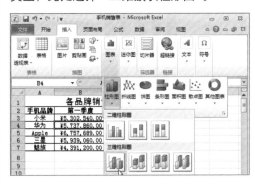

步骤02 返回工作表中，查看创建柱形图的效果。

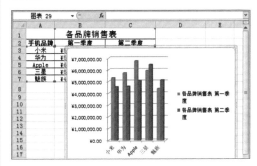

(3) 方法3：使用快捷键创建图表

使用快捷键创建图表是最快捷的方法，只需选中表格内任意单元格，按快捷键Atl+F1即可创建柱形图类型图表。

8.2.2 修改图表类型

创建图表后，如果觉得选择的图表类型不能更好地表现数据，我们还可以更改为其他更合适的图表类型。

步骤01 打开"修改图表类型"工作表，选中需要更改类型的图表，单击"图表工具-设计"选项卡下的"更改图表类型"按钮。

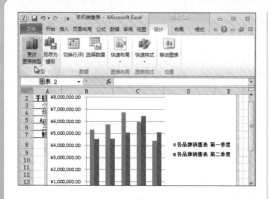

步骤02 打开"更改图表类型"对话框，在左侧选择"折线图"选项，从右侧选择"带数据标记的拆线图"，单击"确定"按钮。

步骤03 返回工作表中，查看将柱形图修改为折线图后的效果。

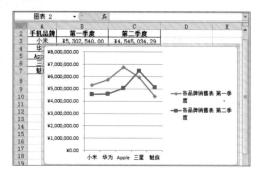

8.2.3 更改图表的数据源

图表是数据的表现形式，当数据发生改变了，我们可以更改图表的数据源，使图表和数据更好地链接。

步骤01 打开"更改图表数据源"工作表，选中A3:C4单元格区域，切换至"插入"选项卡，单击"图表"选项组中的"柱形图"下三角按钮，选择合适的图表类型。

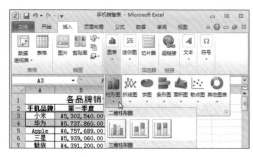

步骤02 返回工作表中，查看创建的图表，只显示"小米"和"华为"的销售数据。

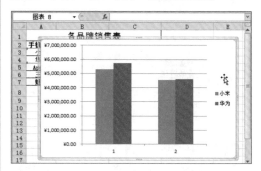

步骤03 选中图表，切换至"图表工具-设计"选项卡，单击"数据"选项组中的"选择数据"按钮。

步骤04 打开"选择数据源"对话框，单击"图表数据区域"右侧折叠按钮。

步骤 05 返回工作表中选择A5:C7单元格区域，更改图表的数据源，然后单击折叠按钮。

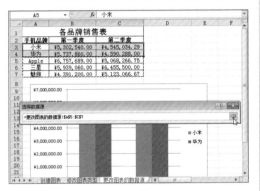

步骤 06 返回"选择数据源"对话框中，单击"图例项"的"编辑"按钮。

步骤 07 弹出"编辑数据系列"对话框，单击"系列名称"右侧的折叠按钮。

步骤 08 返回工作表中，选择A5:A7单元格区域，设置图表的系列，然后单击右侧的折叠按钮。

步骤 09 返回"编辑数据系列"对话框中单击"确定"按钮，然后单击"水平（分类）轴标签"的"编辑"按钮。

步骤 10 弹出"轴标签"对话框，单击折叠按钮，在工作表中选择B2:C2单元格区域，然后依次单击"确定"按钮。

步骤 11 返回工作表中查看更改数据源后的图表的效果。

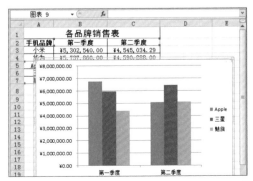

8.2.4 移动图表

图表作为嵌入图表放在工作表上，可以根据需要将图表放在单独的图表工作表中，下面介绍其具体操作方法。

步骤01 打开"移动图表"工作表，选中图表，切换至"图表工具-设计"选项卡，单击"位置"选项组中"移动图表"按钮。

步骤02 打开"移动图表"对话框，选择"新工作表"单选按钮，图表将显示在名为Chart1的工作表中，也可在文本框中重命名。若选择"对象位于"单选按钮，在右侧选择移至的工作表，则图表作为嵌入图表显示在工作表中。

步骤03 单击"确定"按钮。返回工作表中，查看移动图表的效果。

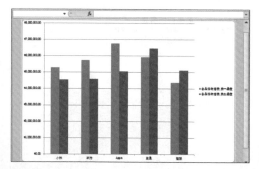

如果只在当前工作表中移动图表的位置，选中图表后，待光标变成十字箭头时拖动鼠标。将图表移动到合适的位置，释放鼠标左键即可。

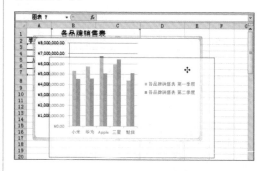

8.2.5 将图表转换为图片

图表创建完成后，用户可根据需要将其转换为图片。下面介绍转换为图片的方法。

如果不希望创建的图表被修改，我们可以使用复制的方法，将图表转换为图片格式。转换后的图表将不会随着数据源的改变而发生改变。

步骤01 打开"将图表转换为图片或图形"工作表，选中需要复制的图表，切换至"开始"选项卡，单击"剪贴板"选项组中"复制"按钮。

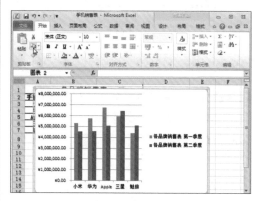

步骤02 切换至"将图表转换为图片"工作表，选择需要粘贴的位置，单击"剪贴板"选项组中"粘贴"下三角按钮，在下拉列表中选择"图片"选项。

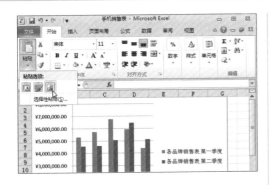

步骤03 返回工作表中，可以看到图表已经转换为图片，在功能区中出现了"图片工具-格式"选项卡。

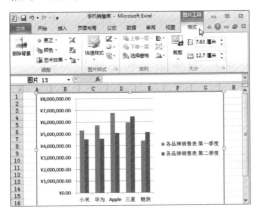

8.2.6 固定图表的大小

在Excel中调整行高或列宽，图表的高度和宽度会随之改变。下面介绍如何固定图表的大小。

步骤01 打开"固定图表大小"工作表，选中图表，切换至"图表工具-格式"选项卡，单击"大小"选项组的对话框启动器按钮。

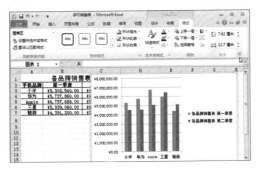

步骤02 打开"设置图表区格式"对话框，在左侧选择"属性"选项，在右侧的"对象位置"区域选择"大小固定，位置随单元格而变"单选按钮，单击"关闭"按钮。

步骤03 返回工作表中，调整单元格的宽度，可见图表的大小不变。

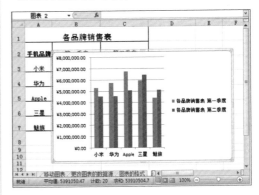

办公助手 固定图表的大小和位置

若想让图表的大小和位置均不随行高或列宽的变化而变化，则可以在"设置图表区格式"对话框的"属性"选项面板中，选择"大小和位置均固定"单选按钮。

8.3 设置图表的布局

创建好的图表满足不了用户的需求，用户可以为图表添加一些想要的元素，也可以设计图表的外观，从而使用图表更专业、更美观。

8.3.1 调整图表大小

新创建的图表一般以默认的大小显示，我们可以根据图表的显示需要，随心所欲地调整图表的大小。下面介绍两种调整图表大小的方法。

（1）方法1：手动拖曳法

步骤01 打开"调整图表的大小"工作表，选中图表，将光标定位至右下角的控制点上，变成了双向箭头。

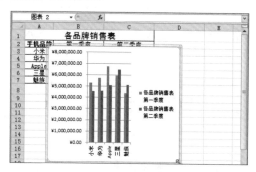

步骤02 按住鼠标左键，光标变为黑色十字形，拖动鼠标即可更改图表的大小。

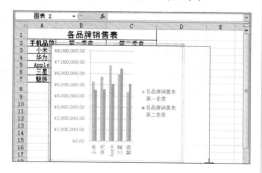

（2）方法2：精确调整图表大小

打开"调整图表的大小"工作表，切换至"图表工具-格式"选项卡，在"大小"选项组中分别在"形状高度"和"形状宽度"数值框中输入数值。

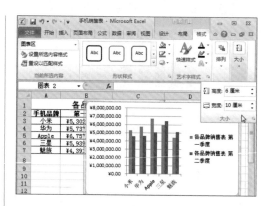

8.3.2 添加图表和坐标轴标题

为了使图表和坐标轴的意义更加明了，我们可以为图表和坐标轴添加标题。下面将分别介绍其操作方法。

❶ 添加图表标题

图表标题可以直观地说明该图表的意义。默认添加的图表没有图表标题，用户可以通过以下方法为图表添加标题。

步骤01 打开"添加图表标题"工作表，切换至"图表工具-布局"选项卡，单击"标签"选项组中的"图表标题"下三角按钮，选择"图表上方"选项。

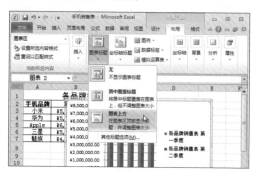

步骤02 在图表的上方出现标题的文本框，删除"图表标题"文字，重新输入标题。

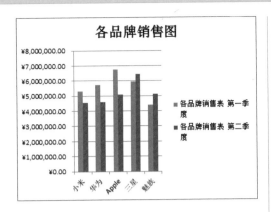

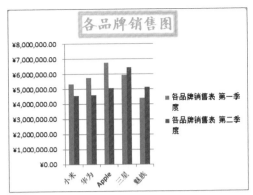

步骤 03 选中图表标题内容，在"开始"选项卡中的"字体"选项组中设置字体、字号和颜色。

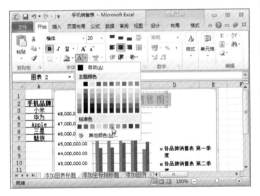

步骤 04 单击"标签"选项组中的"图表标题"下三角按钮，选择"其他标题选项"选项，打开"设置图表标题格式"对话框，设置边框颜色、发光效果。

步骤 05 单击"关闭"按钮，返回工作表中，查看设置图表标题格式后的效果。

② 添加坐标轴标题

我们可以按照相同的方法添加纵横坐标轴标题。

步骤 01 打开"添加坐标轴标题"工作表，切换至"图表工具-布局"选项卡，单击"标签"选项组中的"坐标轴标题"下三角按钮，选择"主要横坐标轴标题>坐标轴下方标题"选项。

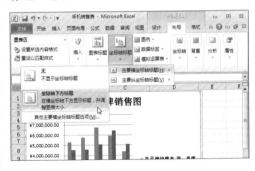

步骤 02 在横坐标轴下方出现标题的文本框，输入标题。

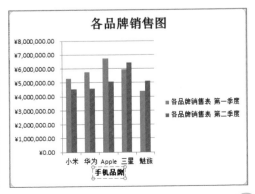

步骤03 单击"标签"选项组中的"坐标轴标题"下三角按钮，选择"主要纵坐标轴标题>竖排标题"选项。

步骤04 在纵坐标轴左侧出现标题的文本框，输入标题。

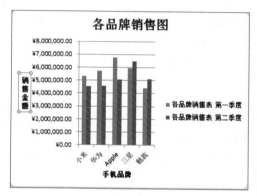

办公助手　引用单元格内容作为标题

在上述图表中添加标题后需要手动输入文本，也可通过引用单元格中的内容作为标题，选中图表或坐标轴标题的文本框，在编辑栏中输入"="后，返回工作表单击需要引用的单元格，该单元格被虚线选中，然后按Enter键即可。

8.3.3　添加图例和数据标签

图例是图表中各种符号和颜色所表示内容的说明，有助于查看图表。数据标签是将系列的数据显示出来。

❶ 添加图例

创建图表时会显示图例，将显示在图表的右侧。用户可根据需要显示或隐藏图例，或调整图例的位置。

步骤01 打开"添加图例"工作表，切换至"图表工具-布局"选项卡，单击"标签"选项组中的"图例"下三角按钮，选择"在顶部显示图例"选项。

步骤02 可见图表的图例从右侧转移至图表的顶部，标题的下面。

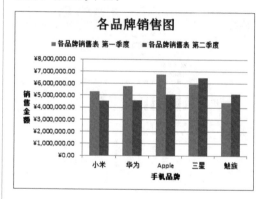

❷ 添加数据标签

数据标签可以直观地将数据显示在系列上，默认情况下，数据标签链接工作表中的数据，随着数据的变化而变化。

步骤01 打开"添加数据标签"工作表，切换至"图表工具-布局"选项卡，单击"标签"选项组中的"数据标签"下三角按钮，选择"数据标签内"选项。

步骤 02 返回工作表中，查看添加数据标签后的效果。

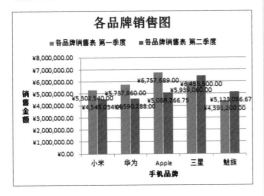

添加完数据标签后可以看到数字比较多，比较乱，分不清楚它们代表哪个系列，我们可以对数据标签进一步设置。

步骤 01 选中图表中第一季度系列的数据并单击鼠标右键，在弹出的快捷菜单中执行"设置数据标签格式"命令。

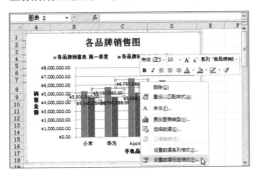

步骤 02 弹出"设置数据标签格式"对话框，在"填充"选项面板中选中"纯色填充"单选按钮，设置填充颜色为浅蓝色。

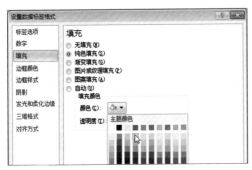

步骤 03 在"标签选项"选项面板中"标签位置"区域选中"居中"单选按钮，然后设置边框颜色或边框样式等格式，单击"关闭"按钮。

步骤 04 查看设置第一季度系列的标签数据格式后的效果。

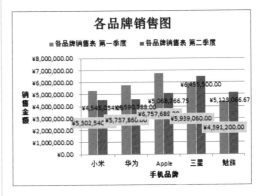

步骤 05 选中第二季度数据标签后，根据上面的方法设置填充颜色、标签的位置、边框的颜色和样式。

步骤 06 单击"关闭"按钮，查看设置数据标签后的效果。

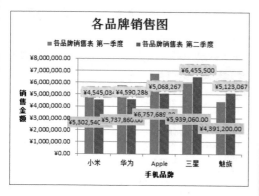

8.3.4 添加模拟运算表

模拟运算表是图表中的表格，主要显示图表的源数据。用户可以根据设置显示或隐藏模拟运算表，或设置其格式。

步骤 01 打开"添加模拟运算表"工作表，切换至"图表工具-布局"选项卡，单击"标签"选项组中的"模拟运算表"下三角按钮，选择"显示模拟运算表"选项。

步骤 02 可见图表的下面添加了模拟运算表，显示图表中的源数据。

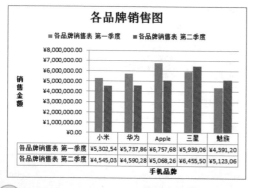

步骤 03 单击"标签"选项组中的"模拟运算表"下三角按钮，选择"其他模拟运算表选项"选项。

步骤 04 打开"设置模拟运算表格式"对话框，在"填充"选项面板中选中"渐变填充"单选按钮，并设置渐变颜色。

步骤 05 在"边框颜色"选项面板中选择"无线条"单选按钮，单击"关闭"按钮。返回图表中查看最终效果。

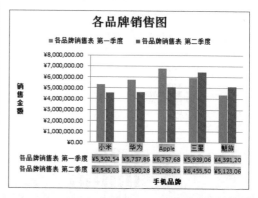

8.4 图表分析

图表是展示数据的一种形式，制作图表的目的是为了分析数据。我们可以为图表添加趋势线、折线、涨/跌柱线和误差线，下面将分别介绍。

8.4.1 添加趋势线

为了更直观地表现数据的变化趋势，我们可以为图表添加趋势线。下面介绍添加趋势线的方法。

步骤01 打开"添加趋势线"工作表，切换至"图表工具-布局"选项卡，单击"分析"选项组中的"趋势线"下三角按钮，选择"线性趋势线"选项。

步骤02 弹出"添加趋势线"对话框，选择"各品牌销售表 第二季度"选项。

步骤03 单击"确定"按钮，选中添加的趋势线并右击，在弹出的快捷菜单中执行"设置趋势线格式"命令。

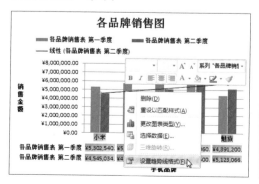

步骤04 打开"设置趋势线格式"对话框，设置线条颜色及发光效果，单击"关闭"按钮。

步骤05 返回图表，查看添加直趋势线后的最终效果。

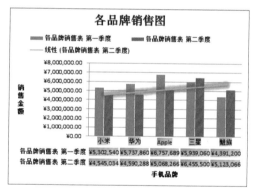

不但可以为现有的数据添加趋势线，表示数据的趋势，还可以将趋势线延伸以帮助预测未来值。

例如：某公司统计前三季度手机的销售金额，现在要预测第四季度小米手机的销售额，具体操作方法如下。

步骤01 打开"手机销售预测"工作表，切换至"图表工具-布局"选项卡，单击"分析"选项组中的"趋势线"下三角按钮，选择"线性预测趋势线"选项。

步骤 02 弹出"添加趋势线"对话框，在"添加基于系列的趋势线"区域中选择"各品牌销售表 第二季度"选项。

步骤 03 单击"确定"按钮，可见小米的销售额第四季度整体来说是上升的。

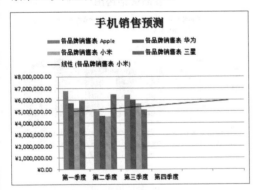

办公助手 **趋势线适用的图表类型**

趋势线主要适用非堆积二维图表，如面积图、条形图、柱形图、折线图、股份图、散点图和气泡图。

8.4.2 添加折线

在Excel 2010中折线包括垂直线和高低点连线两种。下面将分别介绍这两种折线的使用方法。

1 添加垂直线

垂直线是连接水平轴与数据系列之间的线条。可以用在折线图和面积图中。

步骤 01 打开"添加折线"工作表，选中图表，切换至"图表工具-布局"选项卡，单击"分析"选项组中"折线"下三角按钮，选择"垂直线"选项。

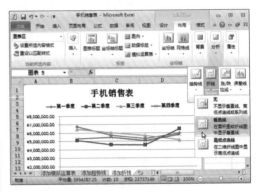

步骤 02 选中垂直线并右击，在快捷菜单中执行"设置垂直线格式"命令。

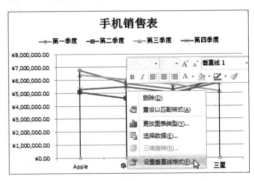

步骤 03 打开"设置垂直线格式"对话框，设置线条颜色和线型，单击"关闭"按钮。

步骤 04 返回工作表中，查看设置垂直线格式后的效果。

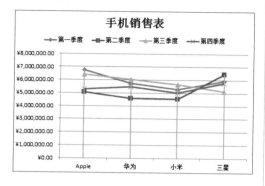

❷ 添加高低点连线

高低点连线是连接不同数据系列的对应的数据点之间的线条，可以在两个或以上数据系列二维折线图中显示。

步骤 01 打开"添加折线"工作表，选中图表，切换至"图表工具-布局"选项卡，单击"分析"选项组中"折线"下三角按钮，选择"高低点连线"选项。

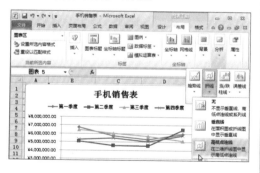

步骤 02 选中高低点连线并右击，在快捷菜单中执行"设置高低点连线格式"命令。

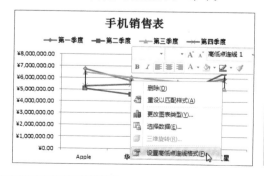

步骤 03 打开"设置高低点连线格式"对话框，设置线条颜色和线型。

步骤 04 返回工作表中，查看设置垂直线格式后的效果。

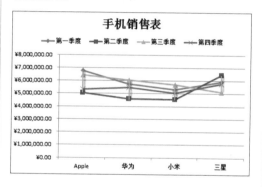

8.4.3 添加涨/跌柱线

涨/跌柱线主要用在股价图中，柱线如果是浅色的表明是涨柱线，如果是深色的表明是跌柱线。

步骤 01 打开"添加涨跌柱线"工作表，切换至"图表工具-布局"选项卡，单击"分析"选项组中"涨/跌柱线"下三角按钮，选择"涨/跌柱线"选项。

步骤02 选中跌柱线，单击"分析"选项组中"涨/跌柱线"下三角按钮，选择"其他涨/跌柱线选项"选项。打开"设置跌柱线格式"对话框，设置填充颜色为红色。

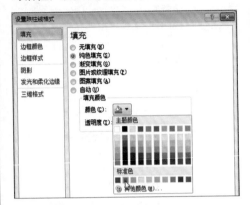

步骤03 选中涨柱线并右击，在快捷菜单中执行"设置涨柱线格式"命令。打开"设置涨柱线格式"对话框，设置填充颜色为浅绿色。

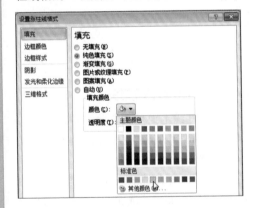

步骤04 返回工作表中，查看设置涨/跌柱线格式后的效果。

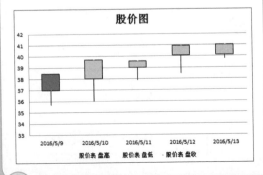

8.4.4 添加误差线

误差线能够添加在数据系列上的所有数据点。误差线主要应用于二维面积图、条形图、柱形图、散点图、折线图和气泡图。下面介绍在折线图中添加误差线的方法。

步骤01 打开"添加误差线"工作表，切换至"图表工具-布局"选项卡，单击"分析"选项组中"误差线"下三角按钮，选择"标准误差误差线"选项。

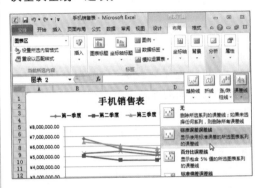

步骤02 单击"误差线"下三角按钮，选择"其他误差线选项"选项。弹出"添加误差线"对话框，选择"第二季度"，单击"确定"按钮。

步骤03 打开"设置误差线格式"对话框，设置误差线和线条颜色，查看最效果。

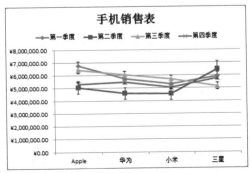

8.5 图表的美化

图表制作完成，要想让图表脱颖而出，我们还需要对图表进行必要的美化处理，让图表看上去更加专业。本节主要介绍应用图表样式、形状样式和添加艺术字等。

8.5.1 快速应用图表样式

Excel为我们提供了多种多样的图表样式，我们可以直接应用，即省时又省力。

步骤01 打开"快速应用图表样式"工作表，选中图表，切换至"图表工具-设计"选项卡，单击"图表样式"选项组中的其他按钮，在样式库中选择合适的样式。

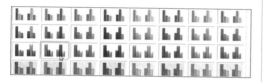

步骤02 在打开的样式库中选择合适的形状样式。

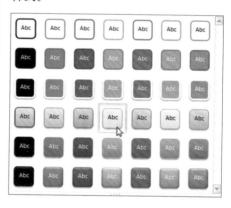

步骤02 选择"样式26"后，查看应用该样式后的效果。

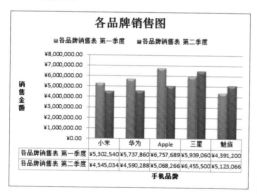

步骤03 返回工作表中查看应用形状样式后的效果。

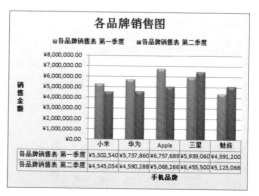

8.5.2 应用形状样式并添加背景

用户可以为图表设置形状样式、填充和轮廓等格式，还可添加背景图片，从而达到美化图表作用。

❶ 应用形状样式

下面介绍应用形状样式的方法。

步骤01 打开"添加形状样式和背景"工作表，切换至"图表工具-格式"选项卡，单击"形状样式"选项组中其他按钮。

步骤04 单击"形状样式"选项组中"形状轮廓"下三角按钮，选择"虚线>圆点"选项。

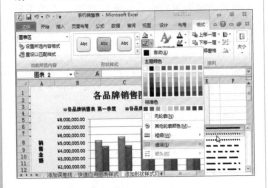

步骤05 再次单击"形状样式"选项组中"形状轮廓"下三角按钮，选择"虚线>其他线条"选项，打开"设置图表区格式"对话框，设置边框的样式和颜色。

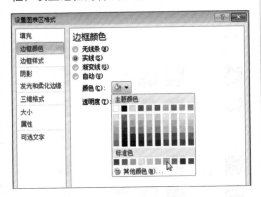

步骤06 单击"形状样式"选项组中"形状效果"下三角按钮，在"阴影"列表中选择合适的效果。

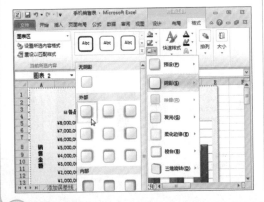

步骤07 单击"形状效果"下三角按钮，选择"阴影>阴影选项"选项，打开"设置图表区格式"对话框，设置阴影效果。

步骤08 返回工作表中，查看设置形状样式后图表的效果。

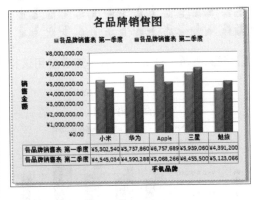

② 添加背景图片

为了图表的美观，用户可以为图表设置背景图片，下面介绍具体操作方法。

步骤01 打开"添加形状样式和背景"工作表，切换至"图表工具-格式"选项卡，单击"形状样式"选项组中"形状填充"下三角按钮，选择"图片"选项。

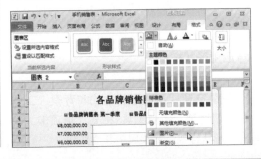

步骤02 弹出"插入图片"对话框，选择合适的图片，单击"插入"按钮。

步骤03 返回工作表中，查看添加背景图片后的效果。

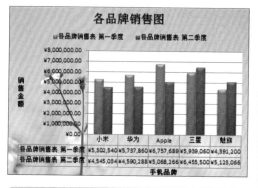

办公助手 **用对话框添加背景图片**

选中图表并右击，在快捷菜单中执行"设置图表区域格式"命令，打开"设置图表区格式"对话框，在"填充"区域选中"图片或纹理填充"单选按钮，单击"文件"按钮，打开"插入图片"对话框，选择合适的图片，单击"插入"按钮即可为图表添加背景图片。

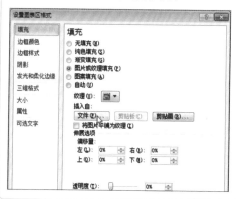

8.5.3 设置艺术字效果

用户不但可以在"开始"选项卡的"字体"选项组中设置文字的字体，还可为文字添中艺术字效果，使其更具有艺术气氛。

步骤01 打开"设置艺术字效果"工作表，切换至"图表工具-格式"选项卡，单击"艺术字样式"选项组中"其他"按钮，在打开的列表中选择合适的样式。

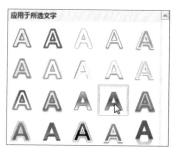

步骤02 在"艺术字样式"选项组中设置文本填充颜色为红色，设置映像文字效果。

步骤03 返回工作表中，查看设置艺术字后的效果。

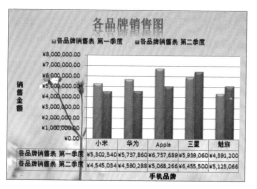

8.6 图表的应用

某手机销售卖场，统计了前三个季度的手机销售情况，我们通过制作子母图来介绍图表的应用，展现了图表展示数据的直观性。本节主要介绍饼图的应用。

8.6.1 使用函数计算相关数据

在制作子母图之前，首先计算出关于子母图的相关数据。

步骤01 打开"子母图相关数据"工作表，在D3:D6单元格内输入相关信息。

步骤02 选中E3单元格，然后输入公式"=CHOOSE(D3,D4,D5,D6)"，按快捷键Ctrl+Shift+Enter执行计算。

步骤03 选中E4单元格，然后输入公式"=INDEX($D$4:$D$6,MIN(IF(COUNTIF($E$3:E3,$D$4:$D$6)=0,ROW($A$1:$A$3),5)))"，按快捷键Ctrl+Shift+Enter执行计算。

步骤04 将公式填充至E5单元格，然后选中F3单元格，输入公式"=SUM(OFFSET($C$2,MATCH(E3,$A$3:$A$14,0),,3))"，按Enter键确认。

步骤05 将公式向下填充至F5单元格，计算出各季度的销售额，设置F3:F5单元格区域格式为货币。

步骤06 选中E7:F10单元格区域，然后输入"=OFFSET($A$2,MATCH($E$3,$A$3:$A$14,0),1,4,2)"公式，按快捷键Ctrl+Shift+Enter，计算第一季度销售情况。

步骤07 选中F11单元格，输入"=SUM(F4:F5)"公式，按Enter键执行计算。

8.6.2 制作饼形子母图

为了更形象地展现出各个季度手机销售情况，我们可以插入饼图。

步骤01 打开"饼形子母图"工作表，选中空白单元格，切换至"插入"选项卡，单击"图表"选项组中"饼图"下三角按钮，选择"饼图"。

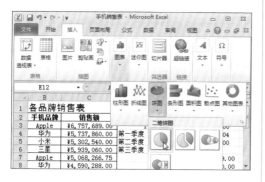

步骤02 选中空白图表，切换至"图表工具-设计"选项卡，单击"数据"选项组中"选择数据"按钮。

步骤03 弹出"选择数据源"对话框，单击"添加"按钮。

步骤04 打开"编辑数据系列"对话框，分别设置系列名称和系列值，单击"确定"按钮。

步骤05 按照同样的方法设置母图的系列名称和系列值，单击"确定"按钮。

步骤06 返回"选择数据源"对话框，单击"确定"按钮，查看效果。

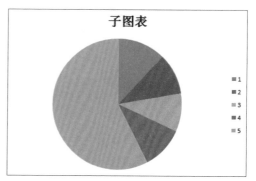

步骤07 双击子图表，打开"设置数据点格式"对话框，在"系列选项"区域，选中"次坐标轴"单选按钮，设置"点爆炸型"数值为40%，单击"关闭"按钮。

步骤08 选中图表最大的部分，在"设置数据点格式"对话框中设置无填充和无线条。

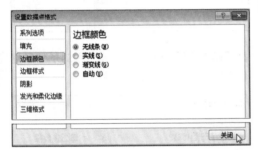

步骤09 单击"关闭"按钮，返回工作表中将子图表中4小部分移至圆中心。

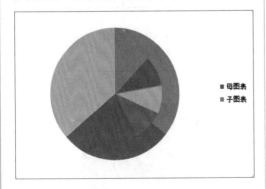

步骤10 选中图表，切换至"图表工具-设计"选项卡，单击"数据"选项组中"选择数据"按钮。

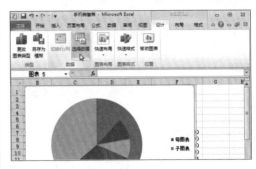

步骤11 弹出"选择数据源"对话框，单击"编辑"按钮。

步骤12 弹出"轴标签"对话框，引用工作表中相关数据，设置子图表的系列名称。

步骤13 返回"选择数据源"对话框，在"图例项（系列）"区域选择"母图表"，单击"编辑"按钮。

步骤14 打开"轴标签"对话框，然后按照相同的方法设置母图表的系列名称。

步骤15 选中图表，切换至"图表工具-设计"选项卡，单击"图表布局"选项组中"快速布局"下三角按钮，选择合适布局。

步骤16 为图表添加标题，删除子图表中最大部分的数值。

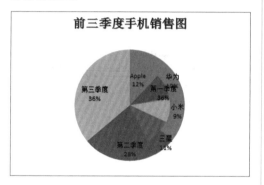

8.6.3　制作动态子母图

我们通过为子母图添加"组合框"控件的方法，制作动态子母图。

步骤01 打开"制作动态子母图"工作表，切换至"开发工具"选项卡，单击"控件"选项组中"插入"下三角按钮，选择"组合框"控件。

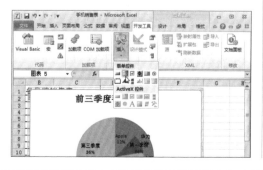

步骤02 在图表的右上方画组合框并右击，在快捷菜单中执行"设置控件格式"命令。

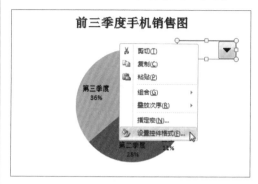

步骤03 弹出"设置对象格式"对话框，分别设置"数据源区域"和"单元格链接"的引用位置，单击"确定"按钮。

步骤04 返回工作表中，单击组合框下三角按钮，选择不同的选项，图表也随之变动。

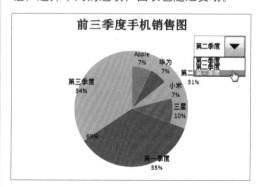

办公助手　添加"开发工具"选项卡

打开Excel工作表，单击"文件"标签，选择"选项"选项，在"Excel选项"对话框中选择"自定义功能区"，在右侧勾选"开发工具"复选框，单击"确定"按钮即可。

8.7 迷你图的应用

迷你图是在单元格中直观地显示一组数据变化趋势的微型图表，包括折线图、柱形图和盈亏迷你图三种类型。使用迷你图可以快速、有效地比较数据，帮助我们直观了解数据的变化趋势。

8.7.1 创建单个迷你图

在数据旁边创建迷你图，可以把一组数据以图形表示形式显示在单元格中。

步骤01 打开"创建单个迷你图"工作表，选中需要创建迷你图的F4单元格，切换至"插入"选项卡，单击"迷你图"选项组中的"折线图"按钮。

步骤02 打开"创建迷你图"对话框，单击"数据范围"右侧的折叠按钮，在工作表中选中B4:E4单元格区域。

步骤03 返回工作表中，查看创建折线图迷你图的效果。

8.7.2 创建一组迷你图

可以为多行或多列的数据一组迷你图，一组迷你图必须具有相同图表特征。

❶ 填充法

我们可以先创建单个迷你图，然后通过填充的方法创建一组迷你图。

步骤01 打开"创建一组迷你图"工作表，首先在F4单元格内创建折线迷你图。

各品牌销售表					
品牌	销售额（万）				变化趋势
	第一季度	第二季度	第三季度	第四季度	
Apple	675	506	643	685	
华为	573	459	603	612	
小米	530	454	568	560	
三星	593	645	513	609	
联想	342	330	350	360	
魅族	290	300	350	340	
OPPO	190	200	180	210	
诺基亚	300	460	480	503	
多普达	280	290	250	300	
努比亚	170	189	200	160	

步骤02 选中F4单元格，将光标移至该单元格右下角，当光标变为黑色十字时，按住鼠标左键向下拖动至F13单元格。

各品牌销售表					
品牌	销售额（万）				变化趋势
	第一季度	第二季度	第三季度	第四季度	
Apple	675	506	643	685	
华为	573	459	603	612	
小米	530	454	568	560	
三星	593	645	513	609	
联想	342	330	350	360	
魅族	290	300	350	340	
OPPO	190	200	180	210	
诺基亚	300	460	480	503	
多普达	280	290	250	300	
努比亚	170	189	200	160	

步骤03 返回工作表中，查看创建一组折线图迷你图的效果。

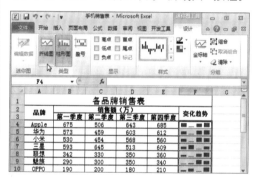

❷ 插入法

我们可以选择单元格区域，然后根据创建单个迷你图的方法创建一组迷你图。下面介绍具体操作方法。

步骤 01 首先选中F4:F13单元格区域，切换至"插入"选项卡，单击"迷你图"选项组中的"柱形图"按钮。

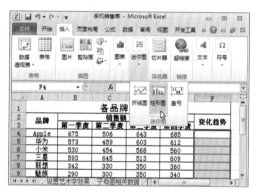

步骤 02 弹出"创建迷你图"对话框，单击"数据范围"右侧的折叠按钮，选择B4:E13单元格区域，在"位置范围"文本框中显示刚选中的单元格区域。

步骤 03 单击"确定"按钮，返回工作表中，查看创建一组柱形图迷你图的效果。

8.7.3　更改一组迷你图类型

当对创建的迷你图不满意时，可以更改其类型，直至满意为止。

步骤 01 打开"更改一组迷你图类型"工作表，选中需要更改迷你图类型的单元格区域F4:F13，切换至"迷你图工具-设计"选项卡，单击"类型"选项组中的"折线图"按钮。

步骤 02 返回工作表，查看将柱形图更改为折线图后的效果。

我们还可以通过组合功能更改一组数据的迷你图类型。在工作表中有两组迷你图，将F4:F13单元格的折线图更改为B14:E14单元格中的柱形图。

步骤01 选中F4:F13单元格区域，按住Ctrl键选中B14:E14单元格区域。

（表格图）

步骤02 切换至"迷你图工具-设计"选项卡，单击"分组"选项组中的"组合"按钮。

（表格图）

步骤03 返回工作表中，查看更改一组迷你图类型后的效果。

（表格图）

办公助手 **组合的注意事项**

如果按Ctrl键选中多个迷你图区域，组合的迷你图类型取决于最后选中的迷你图类型；如果通过鼠标拖曳选中连续的迷你图时，组合的迷你图类型取决于第一个迷你图的类型。

8.7.4 更改单个迷你图类型

我们还可只更改一组迷你图中的单个迷你图的类型。更改类型前必须将该单元格分离出来。具体操作方法如下。

步骤01 打开"更改单个迷你图类型"工作表，选中需要更改迷你图类型的F4单元格，切换至"迷你图工具-设计"选项卡，单击"分组"选项组中的"取消组合"按钮。

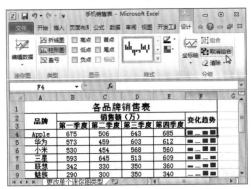

步骤02 单击"类型"选项组中的"折线图"按钮，可见F4单元格的迷你图更改为折线图。

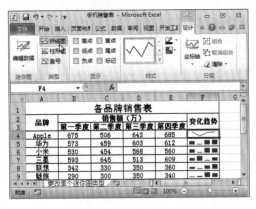

8.7.5 标记迷你图的值点

创建迷你图后，我们可以为迷你图设置控制点，以便更清晰地反映数据。

步骤01 打开"标记迷你图的值点"工作表，选中F4:F13单元格区域，切换至"迷你图工具-设计"选项卡，在"显示"选项组中勾选"标记"复选框。

步骤 02 返回工作表中，查看在折线图上标记所有数据点的效果。

我们还可以突出显示某些特别的值点，例如高点、低点、负点、首点和尾点等等，下面以标记高点和低点为例详细介绍具体操作方法。

步骤 01 选中F4:F13单元格区域，在"显示"选项组中分别勾选"高点"和"低点"复选框。

步骤 02 返回工作表中，查看在折线图上标记高点和低点的效果。

8.7.6　清除迷你图

当不再需要迷你图时，用户可以将其清除，下面介绍几种清除的方法。

❶ 功能区清除法

下面介绍在功能区中清除迷你图的方法。具体操作如下。

步骤 01 打开"清除迷你图"工作表，选中F4:F13单元格区域，切换至"迷你图工具-设计"选项卡，单击"分组"选项组中的"清除"下三角按钮，选择"清除所选的迷你图"选项。

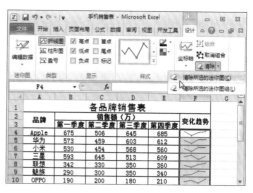

步骤 02 返回工作表中，查看清除后的效果。

❷ 快捷菜单清除法

选中需要清除迷你图的单元格区域，单击鼠标右键，在快捷菜单中执行"迷你图>清除所选的迷你图"命令即可。

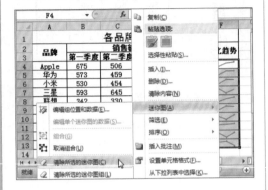

❸ 删除单元格

选中需要清除迷你图的单元格区域，单击鼠标右键，在快捷菜单中执行"删除"命令即可。

8.7.7 美化迷你图

创建迷你图后，我们可以对迷你图进行相应的美化操作，包括应用样式、设置线条颜色和宽度等。

步骤 01 打开"美化迷你图"工作表，选中F3:F13单元格，切换至"迷你图-设计"选项卡，单击"样式"选项组中的"其他"按钮。

步骤 02 打开样式库，选择合适的样式。

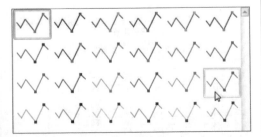

步骤 03 单击"迷你图颜色"下三角按钮，设置折线的颜色。

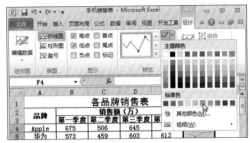

步骤 04 单击"标记颜色"下三角按钮，设置高点的颜色为深蓝。

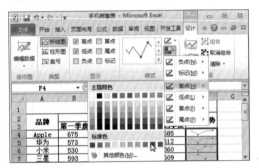

步骤 05 根据相同的方法设置低点的颜色。

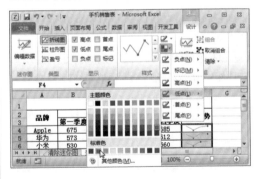

步骤 06 返回工作表中，查看美化迷你图后的效果。

	各品牌销售表				
品牌	销售额（万）				变化趋势
	第一季度	第二季度	第三季度	第四季度	
Apple	675	506	645	685	
华为	573	459	603	612	
小米	530	454	568	560	
三星	593	645	513	609	
联想	342	330	350	360	
魅族	290	300	350	340	
OPPO	190	200	180	210	

Chapter
09

制作并打印考勤表

本章概述

制作完Excel工作表后，针对重要的文件需要打印存档，或打印出来供传阅。有时还可以将Excel中的内容输出到Word、PowerPoint等其他Office组件中。Excel的这些功能极大地方便了我们的日常办公。本章主要介绍打印工作表的知识，以及Office组件之间协同办公问题。

本章要点

设置纸张方向

打印指定区域

每页都打印标题

打印公司名称和LOGO

添加表格背景

打印多个工作表

Office组件间的导入/导出

9.1 设置页面布局

当报表编辑完成之后，有时需要将数据上传到内部网络供同事和领导查看，有时需要打印出来存档。在打印之前用户需要进行相关的设置，包括设置页边距、纸张方向、纸张大小、打印区域或添加打印标题。

9.1.1 设置页边距

用户可以根据实际需要设置打印的页边距。如果打印表格的宽度超出打印的范围，用户可通过设置页边距使用表格可完整地打印在页面上。下面详细介绍具体操作方法。

（1）方法1：功能区法

步骤01 打开"考勤统计表"工作表，切换至"页面布局"选项卡，单击"页面设置"选项组中"页边距"下三角按钮，在下拉列表中选择合适的选项。

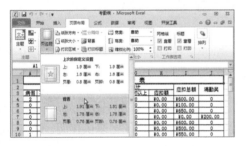

步骤02 进入"打印"页面，打印预览的效果，打印的页数为2页。页边距正好适合打印表格的宽度。

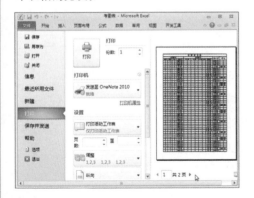

步骤03 在"页边距"下拉列表中选择"宽"选项，设置打印的区域变窄了。

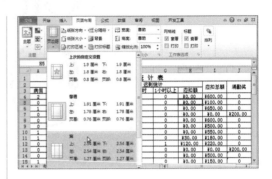

步骤04 预览打印的效果，页边距大了，打印区域变小，表格不能完整地在一页中显示。

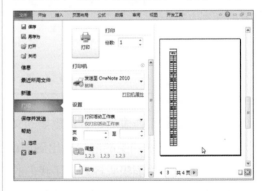

（2）方法2：对话框设置法

步骤01 打开工作表，在"页边距"下拉列表中选择"自定义边距"选项。

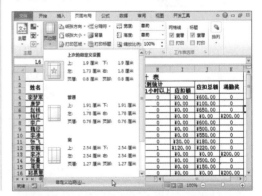

步骤 02 打开"页面设置"对话框,在"页边距"选项卡中设置上下左右边距的数值,然后单击"确定"按钮即可。

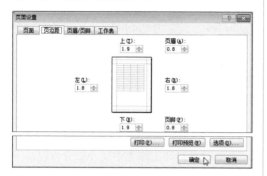

(3) 方法3:鼠标拖动法

步骤 01 打开工作表,单击"文件"标签,选择"打印"选项。

步骤 02 进入"打印"页面,单击"显示边距"按钮,在工作四周出现页边距控制点和控制线,当光标移至上面时变为双向箭头按住鼠标进行拖动。

9.1.2 设置纸张打印方向

有的工作表比较宽,在A4页面无法完整地打印,用户可以设置纸张的方向使工作表打印在一页上。

步骤 01 打开"考勤记录表"工作表,当纸张方向为"纵向"时,查看打印预览时,表格超出宽度的部分单独打印在一页。

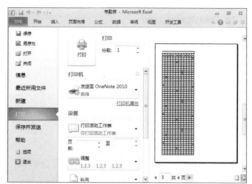

步骤 02 切换至"页面布局"选项卡,单击"页面设置"选项组中的"纸张方向"下三角按钮,选择"横向"选项。

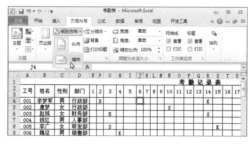

步骤 03 预览打印效果,表格打印在一页上。

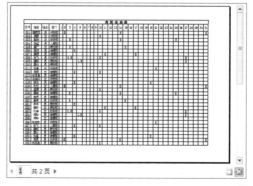

除此之外，用户还可通过"页面设置"对话框和打印页面完成设置。

切换至"页面布局"选项卡，单击"页面设置"选项组中的对话框启动器按钮，打开"页面设置"对话框，在"页面"选项卡中"方向"区域选择"横向"单选按钮，单击"确定"按钮即可。

在"打印"页面中设置横向打印，单击"文件"标签，选择"打印"选项，进入打印页面，在"设置"区域，设置打印方向为"横向"。

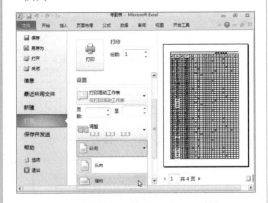

9.1.3 设置纸张大小

根据工作表中的内容，设置不同的纸张大小，如信纸、法律专用纸、A3和A4等。

切换至"页面布局"选项卡中，在"页面设置"选项组中单击"纸张大小"下三角按钮，在下拉列表中选择合适纸张大小。

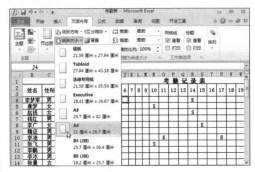

9.1.4 打印指定区域

有时需打印工作表中某一部分内容，下面介绍具体操作方法。

步骤01 打开"考勤汇总表"工作表，选中AJ2:AS63单元格区域，单击"页面布局"选项卡中"页面设置"选项组中"打印区域"下三角按钮，选择"设置打印区域"选项。

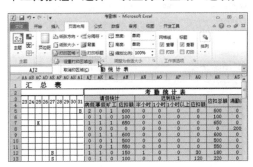

步骤02 打开"打印"页面，可见只打印选定的单元格区域。

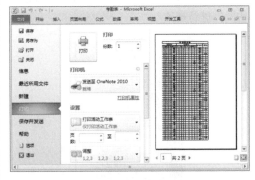

步骤03 若要取消设置打印区域，在列表中选择"取消打印区域"即可。

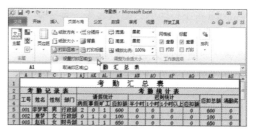

办公助手 **在"打印"页面设置打印区域**

选中需打印的单元格区域，单击"文件"标签，选择"打印"选项，进入打印页面，在"设置"区域，设置打印范围为"打印选定区域"。

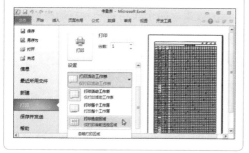

9.1.5 打印不连续的区域

如果需要打印工作表中不连续的单元格区域时，设置打印区域功能非常实用，下面介绍其具体操作。

步骤 01 打开"考勤汇总表"工作表，选中E:AI列，单击鼠标右键，在快捷菜单中执行"隐藏"命令，先将不打印的区域隐藏起来。

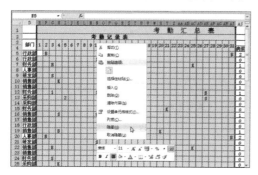

步骤 02 切换至"页面布局"选项卡中，单击"页面设置"选项组中单击"打印区域"下三角按钮，在下拉列表中选择"设置打印区域"选项。

步骤 03 单击"文件"标签，选择"打印"选项，进入打印页面，可见只打印选中的区域。

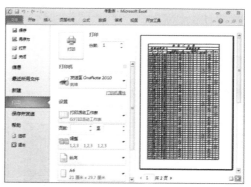

打印不连续行的操作方法和上述方法类似，下面介绍打印不连续行的区域。

步骤 01 打开"考勤统计表"工作表，选中A5:K12、A20:K28和A42:K55单元格区域，然后设置打印区域，查看预览效果。

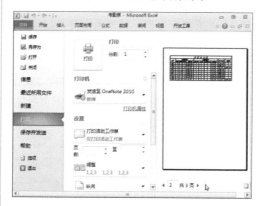

如果分别选中需要打印的区域，再设置打印区域的话，则打印结果是将各个区域分别打印在不同的页面上，而且每页都有工作表的标题栏。

步骤02 将不打印的行隐藏起来，选中剩下的单元格区域，单击"打印区域"下三角按钮，选择"设置打印区域"选项。

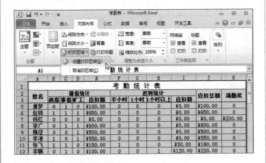

步骤03 设置完成后直接打印即可。

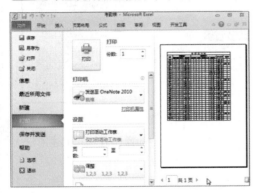

打印不连续区域，还可使用"照相机"工具，将打印的区域分别拍成照片，然后拼合在一起再打印出来，具体操作参考9.3节。

9.1.6 插入分页符

在打印报表时，若不设置分页符，Excel将默认为将打印整个工作表，并根据页面能容纳的内容，自动插入分页符。我们也可根据需要设置分页符，按指定位置分页打印。

在"考勤汇总表"中包含"考勤记录表"和"考勤统计表"2个表格，现需要将两个表格打印在不同的纸张上。

步骤01 打开"考勤汇总表"工作表，选中AJ65单元格，单击"页面设置"选项组中"分隔符"下三角按钮，选择"插入分页符"选项。

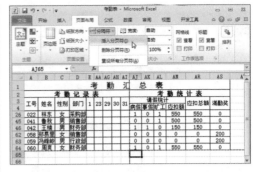

步骤02 进入"打印"页面，查看插入分页符后的效果，两个表格将分别打印在两张页面内。

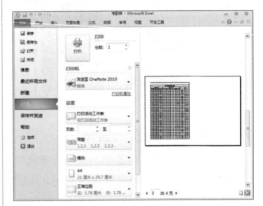

步骤03 若取消分页符，单击"分隔符"下三角按钮，在下拉列表中选择"删除分布符"选项即可。

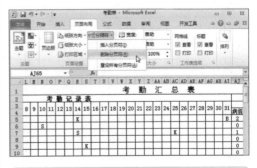

办公助手　分隔工作表位置说明

在插入分页符之前，需要先选择一个单元格，然后以该单元格左上角为界，将工作表分隔为4部分。

9.1.7 将行号和列标打印出来

默认情况下，打印工作表时行号和列标是不打印出来的。如果需要打印，Excel提供了自动打印行号和列标的功能，下面介绍如何将行号和列标打印出来。

步骤01 打开"考勤统计表"工作表，切换至"页面布局"选项卡，在"工作表选项"选项组中，勾选"标题"区域中"打印"复选框。

步骤02 在"打印"页面查看打印预览效果。

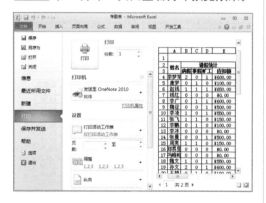

9.1.8 每页都打印标题

当工作表中记录较多，需要分多页打印时，为了便于查看数据，需要在每页的起始位置都添加标题和表头。

步骤01 打开"考勤统计表"工作表，单击"页面设置"选项组中"打印标题"按钮。

步骤02 打开"页面设置"对话框，在"工作表"选项卡中单击"顶端标题行"右侧折叠按钮，返回工作表选中标题行，选中的标题行显示虚线，单击折叠按钮。

步骤03 返回"页面设置"对话框，然后单击"确定"按钮。

步骤04 返回工作表，进入"打印"页面，查看打印预览的效果，可见在第2页也显示出了标题栏。

如果工作表太宽需要打印在多页上，只需在"页面设置"对话框，设置"左端标题列"列区域即可。

9.2 添加表格打印元素

在打印工作表时，需要添加一些打印元素使表格更美观、更专业。例如，打印时可以添加背景图片、公司LOGO、页码、公司名称等。除此之外还可使用"照相机"工具。

9.2.1 添加打印日期

在打印工作表时，为了体现工作表的时效性，我们可以再页眉、页脚中添加日期，在打印时自动更新为打印的日期。下面介绍如何添加打印日期。

步骤 01 打开"考勤统计表"工作表，切换至"页面布局"选项卡，单击"页面设置"选项组的对话框启动器按钮。

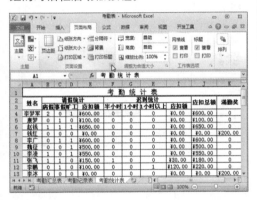

步骤 02 弹出"页面设置"对话框，切换至"页眉/页脚"选项卡，单击"自定义页眉"按钮。

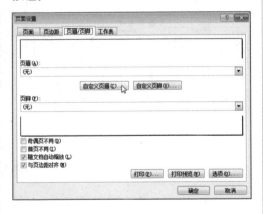

步骤 03 打开"页眉"对话框，将光标定位在"左"区域内，然后单击"插入日期"按钮，最后单击"确定"按钮。

步骤 04 返回"页面设置"对话框，单击"打印预览"按钮，打开"打印"页面，可见每页的页眉左侧都显示打印日期。

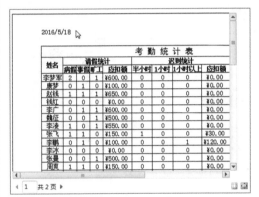

办公助手 添加打印时间

如果需要添加打印时间，只需在"页眉"对话框中，选中添加的位置，然后单击"插入时间"按钮即可。

9.2.2 打印公司名称

在公司宣传资料中，为了使报表显得更专业，也为了方便后续的查看，我们可以为报表添加公司名称。

步骤 01 打开"考勤统计表"工作表，切换至"页面布局"选项卡，单击"页面设置"选项组的对话框启动器按钮。

步骤 02 弹出"页面设置"对话框，切换至"页眉/页脚"选项卡，单击"自定义页眉"按钮。

步骤 03 打开"页眉"对话框，将光标定位在"中"区域内输入公司名称，然后单击"确定"按钮，返回"页面设置"对话框，单击"打印预览"按钮，进入"打印"页面，查看打印效果。

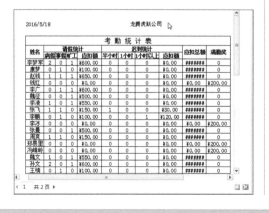

除此之外，用户还可以更改视图的方法，设置页眉和页脚。

步骤 01 打开"考勤统计表"工作表，切换至"视图"选项卡，单击"工作簿视图"选项组中"页面布局"按钮。

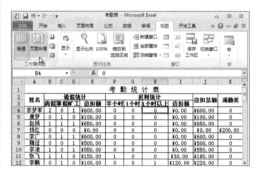

步骤 02 工作表进入页面布局视图，选中页眉的中间区域，输入公司的名称。在功能区显示"页眉和页脚工具–设计"选项卡。

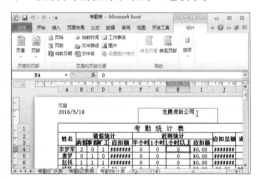

步骤 03 进入"打印"页面，查看添加公司名称后的效果。

步骤 04 选中页眉中公司名称，在"开始"选项卡的"字体"选项组中设置字体、字形、字号和颜色，查看打印效果。

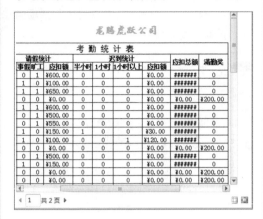

9.2.3 添加公司LOGO

报表制作完成后，我们可以添加公司的LOGO来提高公司的形象，下面我们介绍如何为报表添加公司LOGO。

步骤 01 打开"考勤统计表"工作表，切换至"页面布局"选项卡，单击"页面设置"选项组的对话框启动器按钮。

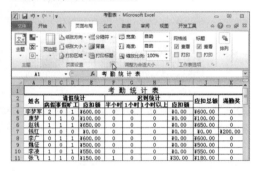

步骤 02 弹出"页面设置"对话框，切换至"页眉/页脚"选项卡，单击"自定义页眉"按钮。

步骤 03 弹出"页眉"对话框，将光标定位在"左"文本框中，然后单击"插入图片"按钮。

步骤 04 打开"插入图片"面板，单击"来自文件"右侧的"浏览"按钮，弹出"插入图片"对话框，选择公司LOGO，然后单击"插入"按钮。

步骤 05 返回"页眉"对话框，单击"设置图片格式"按钮。

步骤 06 弹出"设置图片格式"对话框，设置插入公司LOGO图片的大小等元素，然后单击"确定"按钮。

步骤07 返回"页面设置"对话框，单击"确定"按钮，查看添加公司LOGO后的效果。

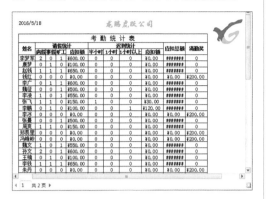

9.2.4 设置奇偶页不同的页码

Excel工作表中的页眉或页脚可以设置为首页不同、奇偶页不同或者首页、奇数页和偶数页均不同等几种形式。下面以设置奇偶页不同的页码为例介绍具体方法。

步骤01 打开工作表，打开"页面设置"对话框，切换至"页眉/页脚"选项卡，勾选"奇偶页不同"复选框，然后单击"自定义页脚"按钮。

步骤02 打开"页脚"对话框，在"奇数页页脚"选项卡中，将光标定位在"左"文本框，单击"插入页码"按钮。

步骤03 切换至"偶数页页脚"选项卡中，将光标定位在"右"文本框，单击"插入页码"按钮。

步骤04 单击"确定"按钮，返回"页面设置"对话框，单击"打印预览"按钮。

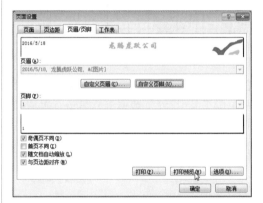

步骤05 进入"打印"页面，查看设置奇偶页不同的页码效果。

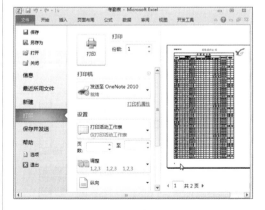

若首页不同于其他页，在"页面设置"对话框中，勾选"首页不同"复选框，然后再设置页眉或页脚。

9.2.5 在页脚中添加文件路径

在打印文件前，在页眉、页脚中添加文件路径信息，就可以清楚地了解该文件的存放位置，方便后续查找该文件。

步骤 01 打开"考勤统计表"工作表，单击状态栏中"页面布局"按钮，工作表进入页面布局视图。

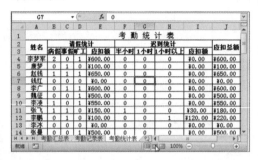

步骤 02 选中页脚的中间区域，切换至"页眉和页脚工具-设计"选项卡，单击"页眉和页脚元素"选项组中"文件路径"按钮。

步骤 03 切换为普通视图，进入"打印"页面，可见在页脚的中间位置显示出了该文件的路径。

9.2.5 添加水印效果

Excel没有像Word中那样直接提供水印的功能，要想给报表添加水印效果，可以先将需要的水印效果制作成图片，然后通过在页眉中插入图片的方式插入水印效果。

步骤 01 打开工作表，根据以前介绍的方法打开"页面设置"对话框，切换至"页眉/页脚"选项卡，单击"自定义页眉"按钮。

步骤 02 在"页眉"对话框中，将文本插入点定位到"中"文本框，单击"插入图片"按钮。

步骤 03 打开"插入图片"对话框，选择图片，单击"插入"按钮。

步骤 04 单击"确定"按钮，返回工作表中，切换至"页面布局"视图。

步骤 05 在页眉区域通过换行调整水印图片的位置，单击"设置图片格式"按钮。

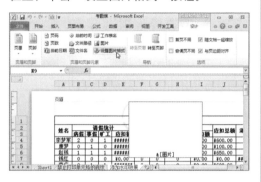

步骤 06 打开"设置图片格式"对话框，设置水印图片的大小。

步骤 07 进入"打印"页面，查看添加水印后的效果。

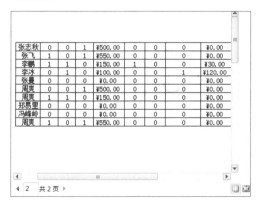

9.2.6 添加表格背景

为了使报表美观，我们会添加图片作为报表的背景，如何把背景也打印出来呢？下面介绍打印背景的操作方法。

（1）方法1：先添加背景

步骤 01 打开"添加打印背景"工作表，切换至"页面布局"单击"页面设置"选项组中的"背景"按钮。

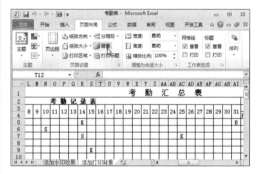

步骤 02 打开"工作表背景"对话框，选中合适的背景图片，单击"插入"按钮。

步骤 03 进入"打印"页面，查看添加背景图片后的效果，可见并没有打印背景图片。

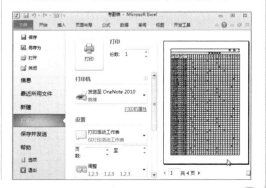

步骤 04 选中需要打印的单元格区域，单击"照相机"按钮。

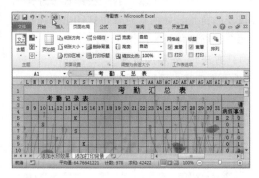

步骤 05 将拍照的图片放置在新建工作表中，调整好位置，进入"打印"页面，查看最终效果。

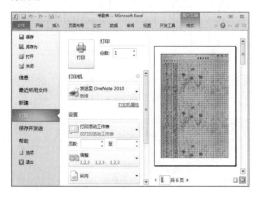

（2）方法2：后添加背景

步骤 01 选中工作表中需要打印的区域，单击"照相机"按钮。打开新的工作表，选择合适的位置将照片放好，然后右击图片，在快捷菜单中执行"设置图片格式"命令。

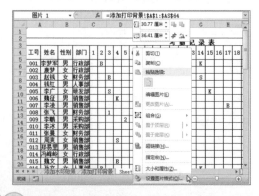

步骤 02 弹出"设置图片格式"对话框，在"填充"区域中选择"图片或纹理填充"单选按钮，单击"文件"按钮。

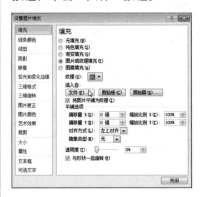

步骤 03 弹出"插入图片"对话框，选择合适的背景图片，单击"插入"按钮。

步骤 04 返回工作表中，进入"打印"页面，查看添加打印背景图片后的效果。

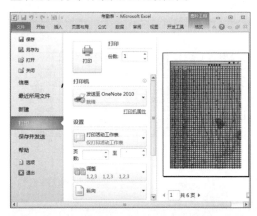

9.3 报表的打印技巧

将工作表打印出来可以永久保存，打印工作表时也有很多技巧需要掌握，以使打印工作更便捷、更轻松。本节主要介绍打印工作表中的批注、不打印图表以及同时打印多张工作表等等。

9.3.1 使用照相机工具打印不连续单元格区域

在9.1节中介绍了如何使用"设置打印区域"打印不连续的单元格区域，本小节介绍通过照相机打印不连续单元格区域以及添加"照相机"工具的方法。

步骤01 打开工作表，单击"文件"标签，选择"选项"选项。

步骤02 打开"Excel选项"对话框，选中"快速访问工具栏"，将照相机工具添加至快速访问工具栏，单击"确定"按钮。

步骤03 选择需要打印的单元格区域，单击快速访问工具栏中的"照相机"按钮。

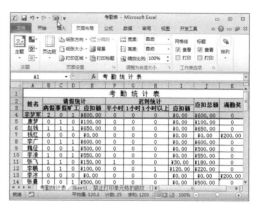

步骤04 新建工作表，当光标变为黑色十字时，单击鼠标左键即可将选中区域以图片形式放置在访工作表，调整位置。

步骤05 按照相同的方法，将需要打印的区域拍照，并放置到新工作中，将各区域调整好位置。

步骤 06 进入"打印"页面，查看通过照相机工具打印不连续单元格的效果。

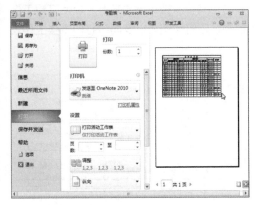

9.3.2 禁止打印单元格的底纹

有的报表中添加了底纹，但是打印的时候不需要将这些底纹打印出来。下面介绍如何不打印单元格中的颜色和底纹。

步骤 01 打开工作表，通过打印预览查看打印效果，将单元格的底纹一并打印。

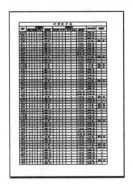

步骤 02 切换至"页面布局"选项卡，单击"页面设置"选项组的对话框启动器按钮。

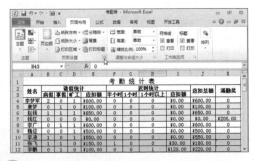

步骤 03 弹出"页面设置"对话框，切换至"工作表"选项卡，勾选"单色打印"复选框，然后单击"确定"按钮。

步骤 04 返回工作表，单击"文件"标签，选择"打印"选项，查看打印预览的效果。

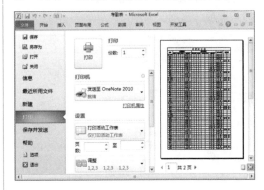

9.3.3 进行缩放

如果表格过大，而又要求打印在一页上，我们可以对工作表进行缩放，下面介绍具体操作步骤。

步骤 01 打开"考勤记录表"工作表，打印预览，可见页面太宽无法打印在一页中。

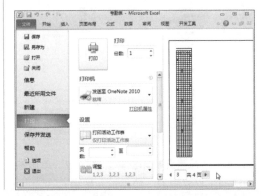

步骤02 单击"无缩放"下三角按钮,在列表中选择"将工作表调整为一页"选项。

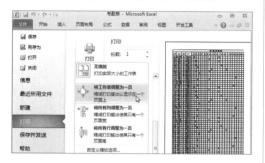

步骤03 返回工作表中,查看缩放打印的效果,将工作表中所有内容都打印在一页中。

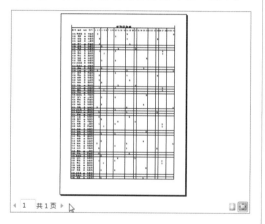

9.3.4 打印工作表中的批注

默认情况下,工作表中的批注是不打印的,若需要打印,则可采取以下操作方法。

步骤01 打开"打印批注"工作表,在"打印"页面中查看打印预览效果。

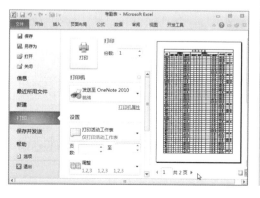

步骤02 返回工作表中,打开"页面设置"对话框,在"工作表"选项卡中单击"批注"右侧下三角按钮,选择"工作表末尾"选项,单击"确定"按钮。

步骤03 返回工作表中,进入"打印"页面,可见工作表中的批注打印在最后一页。

办公助手 **如同工作表中显示**

如果将批注打印的效果和在工作表中显示的一样,可在"页面设置"的"工作表"选项卡中,选择"如同工作表中的显示"选项。

9.3.5 不打印图表

当打印的工作表中包含图表时，默认情况下图表也一起被打印出来，如果不需要打印图表，那该如何操作呢？

步骤01 打开"不打印图表"工作表，进入"打印"页面，查看打印效果。

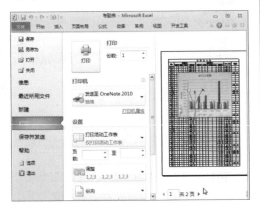

步骤02 选中图表，切换至"图表工具-格式"选项卡，单击"大小"启动按钮。

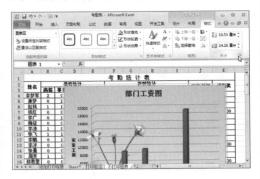

步骤03 弹出"设置图表区格式"对话框，在"属性"面板中取消勾选"打印对象"复选框，单击"关闭"按钮。

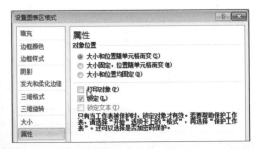

步骤04 返回工作表，进入"打印"页面，查看打印效果。

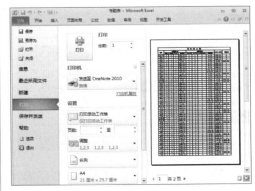

9.3.6 同时打印多个工作表

若需打印同一工作簿中多个工作表，具体方法如下。

步骤01 打开"薪酬表"工作簿，按Ctrl键选中需要打印的工作表标签。

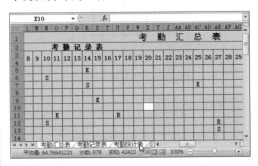

步骤02 单击"文件"标签，选择"打印"选项，在"设置"区域，选择"打印活动工作表"选项，单击"打印"按钮即可。

9.4 Office组件的协同办公

本小节将介绍Excel与其他Office组件的协同操作，包括将Excel表格输入至Word文档、在Word中插入Excel表格、Excel与PPT的协同、在Excel中插入Word文档等内容。

9.4.1 将Excel表格输入至Word

我们可将Excel中的表格数据导入Word中，具体操作方法如下。

步骤 01 打开"考勤统计表"工作表，选中需要打印的区域，单击鼠标右键，在快捷菜单中执行"复制"命令。

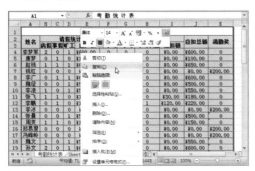

步骤 02 打开Word文档，选择需要粘贴的位置，在"开始"选项卡中，单击"剪贴板"选项组中的"粘贴"下三角按钮，从下拉列表中选择"选择性粘贴"选项。

步骤 03 弹出"选择性粘贴"对话框，选中"粘贴"单选按钮，在"形式"列表框中选择"HTML格式"选项，然后单击"确定"按钮。

步骤 04 返回Word文档中查看粘贴后的效果。

9.4.2 在Word中插入Excel表格

Excel表格比Word中表格的功能强大得多，有时需要在Word中进行各种运算，因此需要在Word中插入Excel表格。

步骤 01 打开Word文档，切换至"插入"选项卡，单击"表格"选项组中的"表格"的下三角按钮，选择"Excel电子表格"选项。

步骤 02 可见已经插入Excel表格了，此时Word功能区变为Excel的功能区。

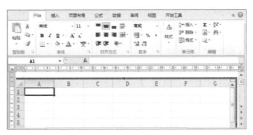

9.4.3 Excel与PowerPoint的协同

在演示文稿时，有时需要引用Excel中的数据，我们如何快速地将Excel中的表格内数据直接导入PowerPoint中，下面详细介绍具体操作方法。

步骤01 打开"费用年度支出表"，选中工作表中表格区域然后右击，在快捷菜单中执行"复制"命令。

步骤02 打开PowerPoint并定位在需要粘贴的位置，在"开始"选项卡中，单击"剪贴板"选项组中的"粘贴"下三角按钮，从下拉列表中选择"选择性粘贴"选项。

步骤03 弹出"选择性粘贴"对话框，选中"粘贴链接"单选按钮，在"作为"列表框中选择"Microsoft Excel工作表对象"选项，然后单击"确定"按钮。

步骤04 返回演示文稿中，适当调整表格的大小和位置，查看效果。

9.4.4 在Excel中插入Word文档

在Excel中可以插入其他Office组件，以在Excel中插入Word为例介绍操作方法。

步骤01 打开工作表，切换至"插入"选项卡，单击"文本"选项组中"对象"按钮。

步骤02 弹出"对象"对话框，在"对象类型"列表框中选择"Microsoft Word文档"选项，然后单击"确定"按钮。

步骤03 返回工作中，适当调整大小和位置，可见Excel功能区变为Word功能区了。

Appendix

附录

附录1 Excel常用函数汇总

序号	函数名称	功能描述
1. 数学与三角函数		
①	ABS函数	返回数字的绝对值
②	ACOS函数	返回数字的反余弦值
③	ACOSH函数	返回数字的反双曲余弦值
④	AGGREGATE函数	返回列表或数据库中的聚合
⑤	ASIN函数	返回数字的反正弦值
⑥	ASINH函数	返回数字的反双曲正弦值
⑦	ATAN函数	返回数字的反正切值
⑧	ATAN2函数	返回X和Y坐标的反正切值
⑨	ATANH函数	返回数字的反双曲正切值
⑩	CEILING函数	将数字舍入为最接近的整数或最接近的指定基数的倍数
⑪	CEILING.PRECISE函数	将数字舍入为最接近的整数或最接近的指定基数的倍数，无论该数字的符号如何，该数字都向上舍入
⑫	COMBIN函数	返回给定数目对象的组合数
⑬	COS函数	返回数字的余弦值
⑭	COSH函数	返回数字的双曲余弦值
⑮	DEGREES函数	将弧度转换为度
⑯	EVEN函数	将数字向上舍入到最接近的偶数
⑰	EXP函数	返回e的n次方
⑱	FACT函数	返回数字的阶乘
⑲	FACTDOUBLE函数	返回数字的双倍阶乘
⑳	FLOOR函数	向绝对值减小的方向舍入数字
㉑	FLOOR.PRECISE函数	将数字向下舍入为最接近的整数或最接近的指定基数的倍数，无论该数字的符号如何，该数字都向下舍入
㉒	GCD函数	返回最大公约数
㉓	INT函数	将数字向下舍入到最接近的整数
㉔	ISO.CEILING函数	返回向上舍入到最接近的整数或最接近的指定基数的倍数的数字
㉕	LCM函数	返回最小公倍数
㉖	LN函数	返回数字的自然对数
㉗	LOG函数	返回数字的以指定底为底的对数
㉘	LOG10函数	返回数字的以10为底的对数
㉙	MDETERM函数	返回数组的矩阵行列式的值
㉚	MINVERSE函数	返回数组的逆矩阵
㉛	MMULT函数	返回两个数组的矩阵乘积

（续表）

序号	函数名称	功能描述
㉜	MOD函数	返回除法的余数
㉝	MROUND函数	返回一个舍入到所需倍数的数字
㉞	MULTINOMIAL函数	返回一组数字的多项式
㉟	ODD函数	将数字向上舍入为最接近的奇数
㊱	PI函数	返回pi的值
㊲	POWER函数	返回数的乘幂
㊳	PRODUCT函数	将其参数相乘
㊴	QUOTIENT函数	返回除法的整数部分
㊵	RADIANS函数	将度转换为弧度
㊶	RAND函数	返回0和1之间的一个随机数
㊷	RANDBETWEEN函数	返回位于两个指定数之间的一个随机数
㊸	ROMAN函数	将阿拉伯数字转换为文本式罗马数字
㊹	ROUND函数	将数字按指定位数舍入
㊺	ROUNDDOWN函数	向绝对值减小的方向舍入数字
㊻	ROUNDUP函数	向绝对值增大的方向舍入数字
㊼	SERIESSUM函数	返回基于公式的幂级数的和
㊽	SIGN函数	返回数字的符号
㊾	SIN函数	返回给定角度的正弦值
㊿	SINH函数	返回数字的双曲正弦值
51	SQRT函数	返回正平方根
52	SQRTPI函数	返回某数与pi的乘积的平方根
53	SUBTOTAL函数	返回列表或数据库中的分类汇总
54	SUM函数	求参数的和
55	SUMIF函数	按给定条件对指定单元格求和
56	SUMIFS函数	在区域中添加满足多个条件的单元格
57	SUMPRODUCT函数	返回对应的数组元素的乘积和
58	SUMSQ函数	返回参数的平方和
59	SUMX2MY2函数	返回两数组中对应值平方差之和
60	SUMX2PY2函数	返回两数组中对应值的平方和之和
61	SUMXMY2函数	返回两个数组中对应值差的平方和
62	TAN函数	返回数字的正切值
63	TANH函数	返回数字的双曲正切值
64	TRUNC函数	将数字截尾取整

（续表）

序号	函数名称	功能描述
2. 日期与时间函数		
❶	DATE函数	返回特定日期的序列号
❷	DATEVALUE函数	将文本格式的日期转换为序列号
❸	DAY函数	将序列号转换为月份日期
❹	DAYS360函数	以一年360天为基准计算两个日期间的天数
❺	EDATE函数	返回用于表示开始日期之前或之后月数的日期的序列号
❻	EOMONTH函数	返回指定月数之前或之后的月份的最后一天的序列号
❼	HOUR函数	将序列号转换为小时
❽	MINUTE函数	将序列号转换为分钟
❾	MONTH函数	将序列号转换为月
❿	NETWORKDAYS函数	返回两个日期间的全部工作日数
⓫	NETWORKDAYS.INTL函数	使用参数指明周末的日期和天数，从而返回两个日期间的全部工作日数
⓬	NOW函数	返回当前日期和时间的序列号
⓭	SECOND函数	将序列号转换为秒
⓮	TIME函数	返回特定时间的序列号
⓯	TIMEVALUE函数	将文本格式的时间转换为序列号
⓰	TODAY函数	返回今天日期的序列号
⓱	WEEKDAY函数	将序列号转换为星期日期
⓲	WEEKNUM函数	将序列号转换为代表该星期为一年中第几周的数字
⓳	WORKDAY函数	返回指定的若干个工作日之前或之后的日期的序列号
⓴	WORKDAY.INTL函数	使用参数指明周末的日期和天数，从而返回指定的若干个工作日之前或之后的日期的序列号
㉑	YEAR函数	将序列号转换为年
㉒	YEARFRAC函数	返回代表start_date和end_date之间整天天数的年份数
3. 查找与引用函数		
❶	ADDRESS函数	以文本形式将引用值返回到工作表的单个单元格
❷	AREAS函数	返回引用中涉及的区域个数
❸	CHOOSE函数	从值的列表中选择值
❹	COLUMN函数	返回引用的列号
❺	COLUMNS函数	返回引用中包含的列数
❻	GETPIVOTDATA函数	返回存储在数据透视表中的数据
❼	HLOOKUP函数	查找数组的首行，并返回指定单元格的值
❽	HYPERLINK函数	创建快捷方式或跳转，以打开存储在网络服务器、Intranet或Internet上的文档

（续表）

序号	函数名称	功能描述
⑨	INDEX函数	使用索引从引用或数组中选择值
⑩	INDIRECT函数	返回由文本值指定的引用
⑪	LOOKUP函数	在向量或数组中查找值
⑫	MATCH函数	在引用或数组中查找值
⑬	OFFSET函数	从给定引用中返回引用偏移量
⑭	ROW函数	返回引用的行号
⑮	ROWS函数	返回引用中的行数
⑯	RTD函数	从支持COM自动化的程序中检索实时数据
⑰	TRANSPOSE函数	返回数组的转置
⑱	VLOOKUP函数	在数组第一列中查找，然后在行之间移动以返回单元格的值

4. 统计函数

序号	函数名称	功能描述
❶	AVEDEV函数	返回数据点与它们的平均值的绝对偏差平均值
❷	AVERAGE函数	返回其参数的平均值
❸	AVERAGEA函数	返回其参数的平均值，包括数字、文本和逻辑值
❹	AVERAGEIF函数	返回区域中满足给定条件的所有单元格的平均值（算术平均值）
❺	AVERAGEIFS函数	返回满足多个条件的所有单元格的平均值（算术平均值）
❻	BETA.DIST函数	返回Beta累积分布函数
❼	BETA.INV函数	返回指定Beta分布的累积分布函数的反函数
❽	BINOM.DIST函数	返回二项式分布的概率值
❾	BINOM.INV函数	返回使累积二项式分布小于或等于临界值的最小值
❿	CHISQ.DIST函数	返回累积Beta概率密度函数
⓫	CHISQ.DIST.RT函数	返回x^2分布的单尾概率
⓬	CHISQ.INV函数	返回累积Beta概率密度函数
⓭	CHISQ.INV.RT函数	返回x^2分布的单尾概率的反函数
⓮	CHISQ.TEST函数	返回独立性检验值
⓯	CONFIDENCE.NORM函数	返回总体平均值的置信区间
⓰	CONFIDENCE.T函数	返回总体平均值的置信区间（使用学生的t分布）
⓱	CORREL函数	返回两个数据集之间的相关系数
⓲	COUNT函数	计算参数列表中数字的个数
⓳	COUNTA函数	计算参数列表中值的个数
⓴	COUNTBLANK函数	计算区域内空白单元格的数量
㉑	COUNTIF函数	计算区域内符合给定条件的单元格的数量
㉒	COUNTIFS函数	计算区域内符合多个条件的单元格的数量
㉓	COVARIANCE.P函数	返回协方差（成对偏差乘积的平均值）

（续表）

序号	函数名称	功能描述
㉔	COVARIANCE.S函数	返回样本协方差，即两个数据集中每对数据点的偏差乘积的平均值
㉕	DEVSQ函数	返回偏差的平方和
㉖	EXPON.DIST函数	返回指数分布
㉗	F.DIST函数	返回两组数据的（左尾）F概率分布
㉘	F.DIST.RT函数	返回两组数据的（右尾）F概率分布
㉙	F.INV函数	返回F概率分布的反函数
㉚	F.INV.RT函数	返回F概率分布的反函数
㉛	F.TEST函数	返回F检验的结果
㉜	FISHER函数	返回Fisher变换值
㉝	FISHERINV函数	返回Fisher变换的反函数
㉞	FORECAST函数	返回沿线性趋势的值
㉟	FREQUENCY函数	以垂直数组的形式返回频率分布
㊱	GAMMA.DIST函数	返回γ分布
㊲	GAMMA.INV函数	返回γ累积分布函数的反函数
㊳	GAMMALN函数	返回γ函数的自然对数，$\Gamma(x)$
㊴	GAMMALN.PRECISE函数	返回γ函数的自然对数，$\Gamma(x)$
㊵	GEOMEAN函数	返回几何平均值
㊶	GROWTH函数	返回沿指数趋势的值
㊷	HARMEAN函数	返回调和平均值
㊸	HYPGEOM.DIST函数	返回超几何分布
㊹	INTERCEPT函数	返回线性回归线的截距
㊺	KURT函数	返回数据集的峰值
㊻	LARGE函数	返回数据集中第k个最大值
㊼	LINEST函数	返回线性趋势的参数
㊽	LOGEST函数	返回指数趋势的参数
㊾	LOGNORM.DIST函数	返回对数累积分布函数
㊿	LOGNORM.INV函数	返回对数累积分布的反函数
51	MAX函数	返回参数列表中的最大值
52	MAXA函数	返回参数列表中的最大值，包括数字、文本和逻辑值
53	MEDIAN函数	返回给定数值集合的中值
54	MIN函数	返回参数列表中的最小值
55	MINA函数	返回参数列表中的最小值，包括数字、文本和逻辑值
56	MODE.MULT函数	返回一组数据或数据区域中出现频率最高或重复出现的数值的垂直数组
57	MODE.SNGL函数	返回在数据集内出现次数最多的值

（续表）

序号	函数名称	功能描述
(58)	NEGBINOM.DIST函数	返回负二项式分布
(59)	NORM.DIST函数	返回正态累积分布
(60)	NORM.INV函数	返回标准正态累积分布的反函数
(61)	NORM.S.DIST函数	返回标准正态累积分布
(62)	NORM.S.INV函数	返回标准正态累积分布函数的反函数
(63)	PEARSON函数	返回Pearson乘积矩相关系数
(64)	PERCENTILE.EXC函数	返回某个区域中的数值的第k个百分点值，此处的k的范围为0到1（不含0和1）
(65)	PERCENTILE.INC函数	返回区域中数值的第k个百分点的值
(66)	PERCENTRANK.EXC函数	将某个数值在数据集中的排位作为数据集的百分点值返回，此处的百分点值的范围为0到1（不含0和1）
(67)	PERCENTRANK.INC函数	返回数据集中值的百分比排位
(68)	PERMUT函数	返回给定数目对象的排列数
(69)	POISSON.DIST函数	返回泊松分布
(70)	PROB函数	返回区域中的数值落在指定区间内的概率
(71)	QUARTILE.EXC函数	基于百分点值返回数据集的四分位，此处的百分点值的范围为0到1（不含0和1）
(72)	QUARTILE.INC函数	返回一组数据的四分位点
(73)	RANK.AVG函数	返回一列数字的数字排位
(74)	RANK.EQ函数	返回一列数字的数字排位
(75)	RSQ函数	返回Pearson乘积矩相关系数的平方
(76)	SKEW函数	返回分布的不对称度
(77)	SLOPE函数	返回线性回归线的斜率
(78)	SMALL函数	返回数据集中的第k个最小值
(79)	STANDARDIZE函数	返回正态化数值
(80)	STDEV.P函数	基于整个样本总体计算标准偏差
(81)	STDEV.S函数	基于样本估算标准偏差
(82)	STDEVA函数	基于样本（包括数字、文本和逻辑值）估算标准偏差
(83)	STDEVPA函数	基于总体（包括数字、文本和逻辑值）计算标准偏差
(84)	STEYX函数	返回通过线性回归法预测每个x的y值时所产生的标准误差
(85)	T.DIST函数	返回学生的t-分布的百分点（概率）
(86)	T.DIST.2T函数	返回学生的t-分布的百分点（概率）
(87)	T.DIST.RT函数	返回学生的t-分布
(88)	T.INV函数	返回作为概率和自由度函数的学生t-分布的t值
(89)	T.INV.2T函数	返回学生的t-分布的反函数
(90)	TREND函数	返回沿线性趋势的值

（续表）

序号	函数名称	功能描述
91	TRIMMEAN函数	返回数据集的内部平均值
92	T.TEST函数	返回与学生的t-检验相关的概率
93	VAR.P函数	计算基于样本总体的方差
94	VAR.S函数	基于样本估算方差
95	VARA函数	基于样本（包括数字、文本和逻辑值）估算方差
96	VARPA函数	计算基于总体（包括数字、文本和逻辑值）的标准偏差
97	WEIBULL.DIST函数	返回Weibull分布
98	Z.TEST函数	返回z检验的单尾概率值

5. 财务函数

序号	函数名称	功能描述
1	ACCRINT函数	返回定期支付利息的债券的应计利息
2	ACCRINTM函数	返回在到期日支付利息的债券的应计利息
3	AMORDEGRC函数	返回使用折旧系数的每个记账期的折旧值
4	AMORLINC函数	返回每个记账期的折旧值
5	COUPDAYBS函数	返回从付息期开始到结算日之间的天数
6	COUPDAYS函数	返回包含结算日的付息期天数
7	COUPDAYSNC函数	返回从结算日到下一付息日之间的天数
8	COUPNCD函数	返回结算日之后的下一个付息日
9	COUPNUM函数	返回结算日和到期日之间的应付利息次数
10	COUPPCD函数	返回结算日之前的上一付息日
11	CUMIPMT函数	返回两个付款期之间累积支付的利息
12	CUMPRINC函数	返回两个付款期之间为贷款累积支付的本金
13	DB函数	使用固定余额递减法，返回一笔资产在给定期间内的折旧值
14	DDB函数	使用双倍余额递减法或其他指定方法，返回一笔资产在给定期间内的折旧值
15	DISC函数	返回债券的贴现率
16	DOLLARDE函数	将以分数表示的价格转换为以小数表示的价格
17	DOLLARFR函数	将以小数表示的价格转换为以分数表示的价格
18	DURATION函数	返回定期支付利息的债券的每年期限
19	EFFECT函数	返回年有效利率
20	FV函数	返回一笔投资的未来值
21	FVSCHEDULE函数	返回应用一系列复利率计算的初始本金的未来值
22	INTRATE函数	返回完全投资型债券的利率
23	IPMT函数	返回一笔投资在给定期间内支付的利息
24	IRR函数	返回一系列现金流的内部收益率

（续表）

序号	函数名称	功能描述
㉕	ISPMT函数	计算特定投资期内要支付的利息
㉖	MDURATION函数	返回假设面值为¥100的有价证券的Macauley修正期限
㉗	MIRR函数	返回正和负现金流以不同利率进行计算的内部收益率
㉘	NOMINAL函数	返回年度的名义利率
㉙	NPER函数	返回投资的期数
㉚	NPV函数	返回基于一系列定期的现金流和贴现率计算的投资的净现值
㉛	ODDFPRICE函数	返回每张票面为¥100且第一期为奇数的债券的现价
㉜	ODDFYIELD函数	返回第一期为奇数的债券的收益
㉝	ODDLPRICE函数	返回每张票面为¥100且最后一期为奇数的债券的现价
㉞	ODDLYIELD函数	返回最后一期为奇数的债券的收益
㉟	PMT函数	返回年金的定期支付金额
㊱	PPMT函数	返回一笔投资在给定期间内偿还的本金
㊲	PRICE函数	返回每张票面为¥100且定期支付利息的债券的现价
㊳	PRICEDISC函数	返回每张票面为¥100的已贴现债券的现价
㊴	PRICEMAT函数	返回每张票面为¥100且在到期日支付利息的债券的现价
㊵	PV函数	返回投资的现值
㊶	RATE函数	返回年金的各期利率
㊷	RECEIVED函数	返回完全投资型债券到期日收回的金额
㊸	SLN函数	返回固定资产的每期线性折旧费
㊹	SYD函数	返回某项固定资产按年限总和折旧法计算的每期折旧金额
㊺	TBILLEQ函数	返回国库券的等价债券收益
㊻	TBILLPRICE函数	返回面值¥100的国库券的价格
㊼	TBILLYIELD函数	返回国库券的收益率
㊽	VDB函数	使用余额递减法，返回一笔资产在给定期间或部分期间内的折旧值
㊾	XIRR函数	返回一组现金流的内部收益率，这些现金流不一定定期发生
㊿	XNPV函数	返回一组现金流的净现值，这些现金流不一定定期发生
51	YIELD函数	返回定期支付利息的债券的收益
52	YIELDDISC函数	返回已贴现债券的年收益，如短期国库券
53	YIELDMAT函数	返回在到期日支付利息的债券的年收益

6. 逻辑函数

❶	AND函数	如果其所有参数均为TRUE，则返回TRUE
❷	FALSE函数	返回逻辑值FALSE
❸	IF函数	指定要执行的逻辑检测
❹	IFERROR函数	若公式的计算结果错误，则返回您指定的值；否则返回公式的结果

（续表）

序号	函数名称	功能描述
⑤	NOT函数	对其参数的逻辑求反
⑥	OR函数	如果任一参数为TRUE，则返回TRUE
⑦	TRUE函数	返回逻辑值TRUE

7. 文本函数

序号	函数名称	功能描述
①	ASC函数	将字符串中的全角（双字节）英文字母或片假名更改为半角（单字节）字符
②	BAHTTEXT函数	使用ß（泰铢）货币格式将数字转换为文本
③	CHAR函数	返回由代码数字指定的字符
④	CLEAN函数	删除文本中所有非打印字符
⑤	CODE函数	返回文本字符串中第一个字符的数字代码
⑥	CONCATENATE函数	将几个文本项合并为一个文本项
⑦	DOLLAR函数	使用$（美元）货币格式将数字转换为文本
⑧	EXACT函数	检查两个文本值是否相同
⑨	FIND、FINDB函数	在一个文本值中查找另一个文本值（区分大小写）
⑩	FIXED函数	将数字格式设置为具有固定小数位数的文本
⑪	JIS函数	将字符串中的半角（单字节）英文字母或片假名更改为全角（双字节）字符
⑫	LEFT、LEFTB函数	返回文本值中最左边的字符
⑬	LEN、LENB函数	返回文本字符串中的字符个数
⑭	LOWER函数	将文本转换为小写
⑮	MID、MIDB函数	从文本字符串中的指定位置起返回特定个数的字符
⑯	PHONETIC函数	提取文本字符串中的拼音（汉字注音）字符
⑰	PROPER函数	将文本值的每个字的首字母大写
⑱	REPLACE、REPLACEB函数	替换文本中的字符
⑲	REPT函数	按给定次数重复文本
⑳	RIGHT、RIGHTB函数	返回文本值中最右边的字符
㉑	SEARCH、SEARCHB函数	在一个文本值中查找另一个文本值（不区分大小写）
㉒	SUBSTITUTE函数	在文本字符串中用新文本替换旧文本
㉓	T函数	将参数转换为文本
㉔	TEXT函数	设置数字格式并将其转换为文本
㉕	TRIM函数	删除文本中的空格
㉖	UPPER函数	将文本转换为大写形式
㉗	VALUE函数	将文本参数转换为数字

8. 信息函数

序号	函数名称	功能描述
①	CELL函数	返回有关单元格格式、位置或内容的信息

（续表）

序号	函数名称	功能描述
②	ERROR.TYPE函数	返回对应于错误类型的数字
③	INFO函数	返回有关当前操作环境的信息
④	ISBLANK函数	如果值为空，则返回TRUE
⑤	ISERR函数	如果值为除#N/A以外的任何错误值，则返回TRUE
⑥	ISERROR函数	如果值为任何错误值，则返回TRUE
⑦	ISEVEN函数	如果数字为偶数，则返回TRUE
⑧	ISLOGICAL函数	如果值为逻辑值，则返回TRUE
⑨	ISNA函数	如果值为错误值#N/A，则返回TRUE
⑩	ISNONTEXT函数	如果值不是文本，则返回TRUE
⑪	ISNUMBER函数	如果值为数字，则返回TRUE
⑫	ISODD函数	如果数字为奇数，则返回TRUE
⑬	ISREF函数	如果值为引用值，则返回TRUE
⑭	ISTEXT函数	如果值为文本，则返回TRUE
⑮	N函数	返回转换为数字的值
⑯	NA函数	返回错误值#N/A
⑰	TYPE函数	返回表示值的数据类型的数字

9. 工程函数

序号	函数名称	功能描述
①	BESSELI函数	返回修正的贝赛耳函数In(x)
②	BESSELJ函数	返回贝赛耳函数Jn(x)
③	BESSELK函数	返回修正的贝赛耳函数Kn(x)
④	BESSELY函数	返回贝赛耳函数Yn(x)
⑤	BIN2DEC函数	将二进制数转换为十进制数
⑥	BIN2HEX函数	将二进制数转换为十六进制数
⑦	BIN2OCT函数	将二进制数转换为八进制数
⑧	COMPLEX函数	将实系数和虚系数转换为复数
⑨	CONVERT函数	将数字从一种度量系统转换为另一种度量系统
⑩	DEC2BIN函数	将十进制数转换为二进制数
⑪	DEC2HEX函数	将十进制数转换为十六进制数
⑫	DEC2OCT函数	将十进制数转换为八进制数
⑬	DELTA函数	检验两个值是否相等
⑭	ERF函数	返回误差函数
⑮	ERF.PRECISE函数	返回误差函数
⑯	ERFC函数	返回互补误差函数
⑰	ERFC.PRECISE函数	返回从x到无穷大积分的互补ERF函数

（续表）

序号	函数名称	功能描述
⑱	GESTEP函数	检验数字是否大于阈值
⑲	HEX2BIN函数	将十六进制数转换为二进制数
⑳	HEX2DEC函数	将十六进制数转换为十进制数
㉑	HEX2OCT函数	将十六进制数转换为八进制数
㉒	IMABS函数	返回复数的绝对值（模数）
㉓	IMAGINARY函数	返回复数的虚系数
㉔	IMARGUMENT函数	返回参数theta，即以弧度表示的角
㉕	IMCONJUGATE函数	返回复数的共轭复数
㉖	IMCOS函数	返回复数的余弦
㉗	IMDIV函数	返回两个复数的商
㉘	IMEXP函数	返回复数的指数
㉙	IMLN函数	返回复数的自然对数
㉚	IMLOG10函数	返回复数的以10为底的对数
㉛	IMLOG2函数	返回复数的以2为底的对数
㉜	IMPOWER函数	返回复数的整数幂
㉝	IMPRODUCT函数	返回从2到255的复数的乘积
㉞	IMREAL函数	返回复数的实系数
㉟	IMSIN函数	返回复数的正弦
㊱	IMSQRT函数	返回复数的平方根
㊲	IMSUB函数	返回两个复数的差
㊳	IMSUM函数	返回多个复数的和
㊴	OCT2BIN函数	将八进制数转换为二进制数
㊵	OCT2DEC函数	将八进制数转换为十进制数
㊶	OCT2HEX函数	将八进制数转换为十六进制数

10. 数据库函数

序号	函数名称	功能描述
❶	DAVERAGE函数	返回所选数据库条目的平均值
❷	DCOUNT函数	计算数据库中包含数字的单元格的数量
❸	DCOUNTA函数	计算数据库中非空单元格的数量
❹	DGET函数	从数据库提取符合指定条件的单个记录
❺	DMAX函数	返回所选数据库条目的最大值
❻	DMIN函数	返回所选数据库条目的最小值
❼	DPRODUCT函数	将数据库中符合条件的记录的特定字段中的值相乘
❽	DSTDEV函数	基于所选数据库条目的样本估算标准偏差
❾	DSTDEVP函数	基于所选数据库条目的样本总体计算标准偏差

（续表）

序号	函数名称	功能描述
⑩	DSUM函数	对数据库中符合条件的记录的字段列中的数字求和
⑪	DVAR函数	基于所选数据库条目的样本估算方差
⑫	DVARP函数	基于所选数据库条目的样本总体计算方差

11. 兼容性函数

序号	函数名称	功能描述
❶	BETADIST函数	返回beta累积分布函数
❷	BETAINV函数	返回指定beta分布的累积分布函数的反函数
❸	BINOMDIST函数	返回二项式分布的概率值
❹	CHIDIST函数	返回x2分布的单尾概率
❺	CHIINV函数	返回x2布的单尾概率的反函数
❻	CHITEST函数	返回独立性检验值
❼	CONFIDENCE函数	返回总体平均值的置信区间
❽	COVAR函数	返回协方差（成对偏差乘积的平均值）
❾	CRITBINOM函数	返回使累积二项式分布小于或等于临界值的最小值
⑩	EXPONDIST函数	返回指数分布
⑪	FDIST函数	返回F概率分布
⑫	FINV函数	返回F概率分布的反函数
⑬	FTEST函数	返回F检验的结果
⑭	GAMMADIST函数	返回γ分布
⑮	GAMMAINV函数	返回γ累积分布函数的反函数
⑯	HYPGEOMDIST函数	返回超几何分布
⑰	LOGINV函数	返回对数累积分布函数的反函数
⑱	LOGNORMDIST函数	返回对数累积分布函数
⑲	MODE函数	返回在数据集内出现次数最多的值
⑳	NEGBINOMDIST函数	返回负二项式分布
㉑	NORMDIST函数	返回正态累积分布
㉒	NORMINV函数	返回标准正态累积分布的反函数
㉓	NORMSDIST函数	返回标准正态累积分布
㉔	NORMSINV函数	返回标准正态累积分布函数的反函数
㉕	PERCENTILE函数	返回区域中数值的第k个百分点的值
㉖	PERCENTRANK函数	返回数据集中值的百分比排位
㉗	POISSON函数	返回泊松分布
㉘	QUARTILE函数	返回一组数据的四分位点
㉙	RANK函数	返回一列数字的数字排位
㉚	STDEV函数	基于样本估算标准偏差

（续表）

序号	函数名称	功能描述
㉛	STDEVP函数	基于整个样本总体计算标准偏差
㉜	TDIST函数	返回学生的t-分布
㉝	TINV函数	返回学生的t-分布的反函数
㉞	TTEST函数	返回与学生的t-检验相关的概率
㉟	VAR函数	基于样本估算方差
㊱	VARP函数	计算基于样本总体的方差
㊲	WEIBULL函数	返回Weibull分布
㊳	ZTEST函数	返回z检验的单尾概率值

12. 多维数据集函数

序号	函数名称	功能描述
❶	CUBEKPIMEMBER函数	返回重要性能指示器（KPI）属性，并在单元格中显示KPI名称。KPI是一种用于监控单位绩效的可计量度量值，如每月总利润或季度员工调整
❷	CUBEMEMBER函数	返回多维数据集中的成员或元组。用于验证多维数据集内是否存在成员或元组
❸	CUBEMEMBERPROPERTY函数	返回多维数据集中成员属性的值。用于验证多维数据集内是否存在某个成员名并返回此成员的指定属性
❹	CUBERANKEDMEMBER函数	返回集合中的第n个或排在一定名次的成员。用来返回集合中的一个或多个元素，如业绩最好的销售人员或前10名的学生
❺	CUBESET函数	定义成员或元组的计算集。方法是向服务器上的多维数据集发送一个集合表达式，此表达式创建集合，并随后将该集合返回到Microsoft Office Excel
❻	CUBESETCOUNT函数	返回集合中的项目数
❼	CUBEVALUE函数	从多维数据集中返回汇总值

附录2　Excel疑难解答之36问

001. 如何在报表中输入中文大小写数字？

　　若想在财务表格中输入中文大小写数字，总得先计算个十百千位等，之后才小心翼翼地输入，那有没有更简便的方法呢？

步骤01 首先在C16单元格中输入545，然后单击鼠标右键，在弹出的快捷菜单中执行"设置单元格格式"命令。

步骤02 弹出"设置单元格格式"对话框，在"分类"列表中选择"特殊"选项，然后在右侧的类型列表中进行适当的选择即可。

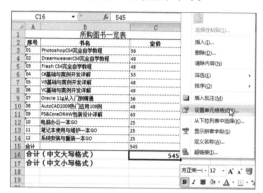

步骤03 用同样的方法，在C17单元格中输入中文小写格式的数据。

	A	B	C
1		所购图书一览表	
2	序号	书名	定价
3	01	PhotoshopCS4完全自学教程	56
4	02	DreamweaverCS4完全自学教程	49
5	03	Flash CS4完全自学教程	48
6	04	C#基础与案例开发详解	53
7	05	VB基础与案例开发详解	48
8	06	VC基础与案例开发详解	49
9	07	Oracle 11g从入门到精通	56
10	08	AutoCAD2009热门应用108例	48
11	09	PS&CoreDRAW包装设计详解	63
12	10	电脑办公一本GO	25
13	11	笔记本使用与维护一本GO	25
14	12	系统安装与重装一本GO	25
15	合计		545
16	合计（中文大写格式）		伍佰肆拾伍
17	合计（中文小写格式）		五百四十五

002. 如何实现不带格式的填充操作？

　　在进行数据填充的操作过程中，是否可以只填充数值而不填充格式呢？答案是肯定的，下面将对不带格式的填充操作进行介绍。

步骤01 选择A3单元格，将鼠标至于单元格右下角，待其变成十字型后向下拖动即可实现填充操作。

步骤02 填充完成后，单击右下角的"自动填充选项"浮动按钮，在打开的列表中选择"不带格式填充"选项。

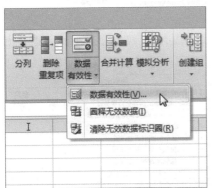

ⓞ③. 如何限制单元格中数据输入的范围？

为了保证输入数据的有效性，通常可以设置数据的输入范围。一旦超范围输入便给出相应的警告或提示信息，让用户重新输入。

步骤01 启动Excel，选择需要设置输入范围的单元格或单元格区域。然后单击"数据"选项卡中的"数据有效性"按钮，在展开的列表中选择"数据有效性"选项。

步骤02 弹出"数据有效性"对话框，在"允许"下拉列表中进行有针对性的选择。

步骤03 选择"整数"选项，之后设置"数据"、"最小值"以及"最大值"选项。最后确认。

步骤04 返回编辑区，查看设置结果，如果输入错误，那么系统将给出相应的提示信息。

Q04. 如何设置单元格中超范围输入后的提示信息内容？

在指定单元格中输入错误数据内容后，往往会给出相应的提示信息。为了使该提示信息更具有"个性"，我们可以进行专门的设置。需要说明的是，该技巧的应用是在设置数据输入范围后才有效。

步骤 01 打开"数据有效性"对话框，在"出错警告"选项卡中设置"样式"，之后再在其右侧的"标题"与"错误信息"文本框中输入适当的内容，最后确认即可。

步骤 02 返回编辑区进行测试，如果输入错误时，系统将给出相应的提示信息。

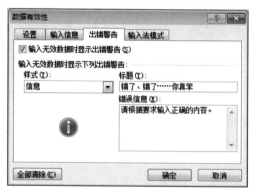

Q05. 如何一次性填充工作表中的空白单元格？

在使用某些工作表的过程中，会发现其中有很多空白的单元格。此时如果一个个地进行填充，不仅会浪费时间，还容易遗漏。遇到这种情况该如何是好呢？

1. 传统填充法

单击"开始"选项卡中的"查找和选择"按钮，在打开的列表中选择"替换"选项。弹出"查找与替换"对话框，在"替换为"文本框中输入要填充的内容。最后单击"全部替换"按钮即可。

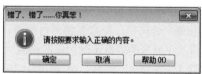

2. 定位填充法

打开"定位条件"对话框，选择"空值"单选按钮并确认。返回工作表窗口后输入要填充的内容，然后按快捷键Ctrl+Enter进行批量填充。

执行以上操作后，查看填充前后的对比效果。

	计算机	机械制图	工艺设计	C语言	网站设计	计算机网络	课外实习	毕业论文
韩杰	39.1	82.2	69.0	49.0	61.8	64.9	76.9	48.7
陈缓缓	83.7	46.6	98.1	57.1	86.2		45.4	92.1
姚虹丽	67.5	45.4	66.4		47.9	44.4	84.4	43.0
严自珍	97.1	95.7	43.3	63.8	86.5	41.7		39.6
钟叶娜	51.0	50.3	72.7	75.3	82.7	89.3	43.1	81.6
王婧	73.1	89.8			83.4	57.5		88.0
王小翠		51.3		96.5	64.4	93.5	43.4	79.2
赵鹏	52.2	92.6	83.2	98.9	69.9	51.2	45.8	57.3
孙晨霞	60.1	59.8	91.1	93.0	89.1		44.6	
王刑	89.2		48.2	92.4		47.4	72.3	42.8
楷成	64.0	72.2	72.3	88.1	90.5	89.2		41.0
鲁讯	52.1	52.7		82.0	72.2	88.9	58.7	96.1
丁鑫鹏		53.4	57.2	45.0	68.3		87.6	61.0
吴磊		58.0	68.6	80.2	98.5	93.1	74.4	83.2
兰秀盘	96.1	93.9	46.4	53.0	70.4	90.1	75.8	
袁潇艳	56.0	89.0		61.7	65.9	39.9		72.3
张成祥	45.5	87.5	42.4	97.3		58.2		79.7
唐来云	81.3	96.2		79.8	69.4	48.2	48.4	41.0
休蕾	57.7			79.8			60.3	93.2
韩文雄	59.8	41.4	80.9	97.1		60.3		49.6
郑俊霞	74.7	65.1	78.4	81.4	95.4	98.8		48.6
马云燕		83.0		72.7	53.7	43.0	59.9	97.4
王毓燕	79.4	92.8	67.5	56.3		42.8	40.7	39.7
樊颜若	73.7	90.0	65.6		43.2		56.0	
李广林	92.1	71.5	95.0	93.0	48.6	59.1	63.4	62.2
马丽萍	96.5	74.0	87.5	68.9	58.2	42.2	47.5	41.1
高云河	51.9	68.5		82.6	87.5	88.1	40.9	64.9
王卓然	98.3	59.1	57.8	65.7	80.0		87.3	

	计算机	机械制图	工艺设计	C语言	网站设计	计算机网络	课外实习	毕业论文
韩杰	58.6	40.3	79.6	63.1	62.5	45.7	39.7	64.2
陈缓缓	75.9	58.4	94.7	85.9	58.4	60.0	67.7	82.8
姚虹丽	41.7	63.1	73.4	60.0	65.9	96.7	45.4	91.9
严自珍	82.9	98.7	63.1	86.8	67.5	61.6	95.9	54.4
钟叶娜	52.4	85.9	79.1	39.6	65.6	77.5	44.7	83.3
王婧	79.8	67.8	60.0	77.6	56.1	73.5	60.0	55.7
王小翠	60.0	76.8	60.0	77.6	56.1	90.1	64.0	90.6
赵鹏	65.4	53.1	53.4	75.8	46.9	95.8	64.0	90.6
孙晨霞	92.5	42.8	41.5	97.0	77.1	60.0	78.9	60.0
王刑	42.5	60.0	62.0	50.2	60.0	45.2	67.2	79.9
楷成	43.5	56.9	96.1	76.4	43.1	91.6	60.0	63.9
鲁讯	72.8	41.7	60.0	54.3	61.6	79.5	73.6	63.1
丁鑫鹏	60.0	85.9	63.9	76.4	73.7	60.0	53.6	73.8
吴磊	60.0	48.9	98.5	50.7	72.8	51.2	65.2	61.5
兰秀盘	68.1	81.3	46.3	98.3	59.1	83.0	48.3	60.0
袁潇艳	76.8	82.3	60.0	60.0	77.6	42.5	91.5	74.8
张成祥	60.0	88.6	92.2	86.5	73.5	60.0	68.5	94.6
唐来云	75.5	39.1	69.1	96.9	82.4	60.3	57.2	66.3
张蕾	97.6	60.0	71.6	86.2	68.3	54.9	70.1	53.3
韩文雄	49.0	86.2	87.4	82.5	60.0	76.0	58.4	70.5
郑俊霞	73.5	89.1	69.8	83.1	86.7	73.8	60.0	59.0
马云燕	60.0	71.7	60.0	92.0	67.5	78.0	57.3	73.8
王毓燕	72.4	90.3	59.3	40.0	60.0	96.5	69.6	90.3
樊颜若	55.8	90.0	67.8	60.0	51.0	60.0	92.7	60.0
李广林	48.2	95.2	77.7	58.0	52.1	67.1	41.6	85.3
马丽萍	96.3	69.3	71.0	68.0	71.9	80.4	66.4	77.1
漆云河	77.7	51.1	60.0	77.4	50.1	53.3	40.4	52.1
王卓然	83.1	77.6	80.9	84.5	76.9	41.1	93.5	60.0

006. 如何删除单元格内的内容而保留单元格格式？

在每个公司中，都会有诸如月报表、考勤表等重复使用的表格，因此在重复使用的时候只需将其中原来的内容清除而保留格式，这样就节省了时间，提高了工作效率。

步骤01 打开Excel工作表，选择C4:J17单元格区域，然后单击"开始"选项卡中的"清除"按钮，在展开的列表中选择"清除内容"选项即可。或者是通过单击鼠标右键执行"清除内容"命令。

步骤02 返回编辑区，查看删除后的效果。

序号	产品	规格型号	单位	理论库存	实际库存	采购计划	单价	总价	备注
							年 月 日		
116	头防护罩								
117	保护眼镜								
118	焊工護镜								
119	短皮手套								
120	线手套								
121	金线手套								
122	漆膜手套								
123	防尘口罩								
124	安全帽								
125	海员手套								
126	洗衣粉								
127	挂胶手套								
128	口罩								
合计									

总经理: 主管: 审核: 申请人:

007. 如何删除表格而不丢失数据或表格格式？

在Excel中创建表格后，若用户不想继续使用系统自带的表格功能或可能需要一种表格样式，但无需表格功能。此时，就可以将表格转换为工作表上的常规数据区域。这样，既可停止处理表格数据，而又不丢失所应用的任何表格样式。

步骤01 打开工作表，从中选择一单元格，如G15。

步骤02 单击鼠标右键，在弹出的快捷菜单中执行"表格>转换为区域"命令。接着在弹出的提示对话框中单击"是"按钮即可。

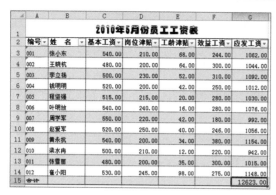

或者，选定表格中的某个单元格后，单击"设计"选项卡中的"转换为区域"按钮。需要说明的是，在此必须先选定表格中的某个单元格，这样才能显示出"设计"选项卡。

○○8 如何定位选取包含公式的单元格？

当拿到一张工作表时，里面包含很多数据，为了尽快弄清楚它们之间的联系，我们通常会查看哪些是原始数据，哪些是生成的数据。若想将含有公式的单元格全部显示出来，我们可采用如下技巧。

步骤01 选择表格中的任一单元格，然后单击"开始"选项卡中的"查找与选择"按钮，在展开的列表中选择"定位条件"选项。

步骤02 弹出"定位条件"对话框，选择"公式"单选按钮，最后单击"确定"按钮，即可将包含公式的单元格全部选中。

步骤03 返回编辑区，查看选择效果。

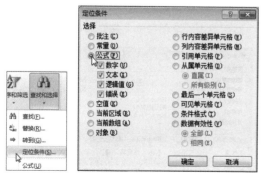

提示 "定位条件"对话框中选项的介绍

- 选择"批注"单选按钮表示选中带有批注的单元格。
- 选择"常量"单选按钮表示内容为常量的单元格，即数值、文本、日期等手工输入的静态数据。
- 选择"对象"单选按钮表示选定所有插入的对象。
- 选择"行内容差异单元格"单选按钮表示目标区域中每行与其他单元格不同的单元格。"例内容差异单元格"单选按钮的含义与此相类似。
- 选择"引用单元格"单选按钮表示选定活动单元格或目标区域中公式所引用的单元格。可以选定直接引用的单元格或所有级别的引用单元格。

---

①09. 如何在查找时区分大小写字母？

在工作表中查找字母时，如果不区分大小写字母，那么就会将所有包含该字母的内容查找出来。但有时只需要查找小写字母，那该怎么办呢？

步骤01 打开Excel工作表，可以从中指定特定的单元格区域，或者是整行或整列。

步骤02 打开"查找和替换"对话框，输入要查找的字母，然后勾选"区分大小写"复选框。最后单击"查找全部"按钮即可。

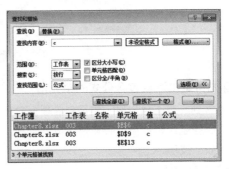

①10. 如何替换工作表中的计算公式？

当拿到一份Excel报表时，为尽快弄清楚各数据间的联系，尤其是一些合计值。此时我们可对其中的公式进行查找。若还需改变合计值的计算公式，则可采用替换操作来统一实现。

步骤01 按快捷键Ctrl+H打开"查找和替换"对话框，分别设置"查找内容"为SUM，设置"替换为"为AVERAGE，再设置"查找范围"为"公式"。

步骤02 单击"查找全部"按钮，查看搜索结果，然后单击"全部替换"按钮即可。

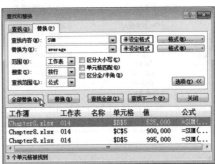

步骤03 查看替换前后的对比结果，原来是计算和值，现在是计算平均值。

Q11. 如何关闭自动替换功能？

在编辑Excel工作表的过程中，经常会出现自动替换的现象。造成这种情况的原因有两种，其一是系统的自动更正功能，其二是对单元格格式的设置。如何将自动替换功能关闭呢？

步骤01 打开"Excel选项"对话框，选择"校对"选项，之后在右侧区域中单击"自动更正选项"按钮。

步骤02 弹出"自动更正"对话框，在"自动更正"选项卡中取消勾选"键入时自动替换"复选框。

Q12. 如何实现在规定的区域内只能输入数字？

在工作表中进行数据录入时，总会出现各种错误，如文本、数字及日期格式都会在同一列或行中出现。如何才能避免这样的局面发生呢？其实很简单，可以采用数字有效性进行事先设置。

步骤01 打开工资表，选择D5:P22单元格区域。单击"数据"选项卡中的"数据有效性"按钮，在展开的列表中进行相应的选择。

步骤02 弹出"数据有效性"对话框，切换至"设置"选项卡，在"允许"下拉列表中选择"自定义"选项。

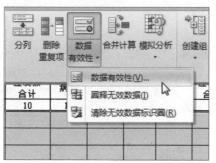

步骤03 在"公式"文本框中输入"=ISNUMBER(D5)"，该函数用于测试输入的是否为数值，是数值，则返回true，不是数值，则返回flase。

步骤04 设置完成后单击"确定"按钮返回。在单元格中输入数据进行测试，若输入的不是数字，将给出相应的警告信息。

职称/职称/学历	基本工资	职务津贴	岗位津贴	特殊津贴	课时津贴	其他应发款
3	4	5	6	7	8	9
	800					
	750					
赵荣						

Q13. 如何巧妙限制报表中出现重复值？

在工作中，总能够遇见同名同姓者，若要出现在同一部门后，则麻烦会更多，特别是在当今电子化办公的情况下，如考勤表、工资统计表等都不便于区分。此时我们就可以通过设置数据有效性进行限制。

步骤01 打开工作表并定义名称为work，其引用位置为 "='003'!\$A\$2:\$A\$22&"|"&'003'!\$B\$2:\$B\$22"。

步骤02 打开"数据有效性"对话框，在"允许"下拉列表中选择"自定义"选项，取消勾选"忽略空值"复选框。在"公式"文本框中输入"=MATCH(A2&"|"&B2,work,0)=ROW()-1"。

步骤03 设置完成后，单击"确定"按钮。编辑并测试有效性的设置。当在同一部门中输入同一人名后会产生错误。

提示 **输入名字时的注意事项**

在设置数据有效性后，若在同一部门输入同一人名，如"李岩"和"李 岩"，则系统并不报错。这是因为这两个值并不相同。

Q14. 如何使报表实现序时录入？

当用户输入数据时，经常需要遵循序时录入的规则，即新录入数据的日期绝不能早于已有记录的最大日期。如何才能实现如此限制呢？其实并不复杂，利用Excel的数据有效性即可。

步骤01 选择输入日期的单元格区域，如A3:A33。按快捷键Ctrl+1打开"设置单元格格式"对话框。

步骤02 切换至"数字"选项卡，在"分类"列表中选择"日期"选项，并在右侧选择合适的日期类型。

步骤03 返回编辑区，在保持单元格区域处于选中状态的情况下，打开"数据有效性"对话框。在"允许"下拉列表框中选择"日期"选项，在"数据"下拉列表框中选择"大于或等于"，在"开始日期"文本框中输入"=MAX($A$2:$A2)"。

步骤04 设置完成后单击"确定"按钮返回编辑区。输入日期值进行检验。当输入的日期小于前一日期值时将会出现警告信息。

Q15. 如何将多个单元格的内容进行合并？

默认情况下，对Excel中的单元格实施合并后，往往会替换掉被合并单元格的内容，那么采用什么样的合并方法才能使内容才不被替换呢？即将两个或多个单元格中的内容合并到一个单元格中。

步骤 01 打开工作表，选择D2单元格，输入公式"=B2&C2"。

步骤 02 选中D2单元格，将公式向下复制到D15，至此，B、C两列的内容已被合并到D列对应的单元格中。

SUM			=B2&C2		D2			=B2&C2
A	B	C	D		A	B	C	D
姓名	性别	学位			姓名	性别	学位	
王萌	女	学士	=B2&C2		王萌	女	学士	女学士
王彦斌	男	学士			王彦斌	男	学士	男学士
王光丽	女	学士			王光丽	女	学士	女学士
张卓	女	学士			张卓	女	学士	女学士
吴学蕃	女	硕士			吴学蕃	女	硕士	女硕士
韩业斌	男	硕士			韩业斌	男	硕士	男硕士
张波	女	硕士			张波	女	硕士	女硕士
郭晓静	女	硕士			郭晓静	女	硕士	女硕士
李丽萍	女	硕士			李丽萍	女	硕士	女硕士
李洋	男	硕士			李洋	男	硕士	男硕士
朱海军	男	博士			朱海军	男	博士	男博士
寇应霞	女	博士			寇应霞	女	博士	女博士
周媛园	女	博士			周媛园	女	博士	女博士
余晓雪	女	博士			余晓雪	女	博士	女博士

步骤 03 选中D列，执行"复制"操作，然后进行选择性粘贴，在"选择性粘贴"对话框中选择"数值"单选按钮。

步骤 04 设置完成后，单击"确定"按钮。这样D列的内容就是合并后的结果，而不是公式。

D2			女学士	
A	B	C	D	
姓名	性别	学位		
王萌	女	学士	女学士	
王彦斌	男	学士	男学士	
王光丽	女	学士	女学士	
张卓	女	学士	女学士	
吴学蕃	女	硕士	女硕士	
韩业斌	男	硕士	男硕士	
张波	女	硕士	女硕士	
郭晓静	女	硕士	女硕士	
李丽萍	女	硕士	女硕士	
李洋	男	硕士	男硕士	
朱海军	男	博士	男博士	
寇应霞	女	博士	女博士	
周媛园	女	博士	女博士	
余晓雪	女	博士	女博士	

Q16. 如何利用函数EXACT实现字符串的比较运算？

在进行字符串比较时，除了使用传统的比较方法外，还可以使用EXACT函数。使用函数EXACT进行比较，其最大的优点是在比较时可以区分字母的大小写。

步骤 01 选择要输入公式的单元格，打开"插入函数"对话框对函数作出选择。

步骤 02 单击"确定"按钮，弹出"函数参数"对话框，设置其参数，最后确认即可。

深入认识EXACT函数

函数EXACT用于比较两个字符串，如果它们完全相同，则返回TRUE；否则，返回FALSE。该函数区分字母大小写，但会忽略格式上的差异。利用EXACT函数可以测试在文档内输入的文本。

函数EXACT的语法格式如下：

EXACT(text1, text2)：

其中，text1为必需项，即第一个文本字符串。text2也为必需项，即第二个文本字符串。

Q17. 如何利用函数PROPER将文本字符串的首字母转换成大写？

在Excel中，使用函数PROPER可以很方便地将文本字符串的首字母、任何非字母字符之后的首字母转换成大写，而其余的字母都将转换成小写。

步骤01 选择要插入公式的单元格，打开"插入函数"对话框，选取函数PROPER。单击"确定"按钮，弹出"函数参数"对话框，在Text文本框中输入B2，最后进行确认即可实现转换。

步骤02 用同样的方法对其他单元格中的文本进行转换。

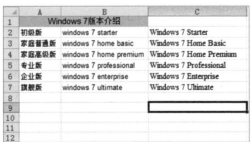

Q18. 如何利用函数TRIM去除字符串中多余的空格？

在编辑Excel文档时，若是从其他应用程序中获取带有不规则空格的文本，则可以使用函数TRIM执行空格删除操作。

步骤01 打开工作表，在B2单元格中输入公式"=TRIM(A2)"。

步骤02 按Enter键即可得到想要的结果。

	A	B
1	Flash动画案例名称	去除多余空格后的效果
2	Works 001 卡通型老人头像	=TRIM(A2)
3	Works 002 卡通型动物	TRIM(text)
4	Works 003 卡通型人物1	
5	Works 004 卡通型人物2	
6	Works 005 插画型人物1	
7	Works 006 插画型人物2	
8	Works 007 QQ表情	
9	Works 008 漫画型人物	
10	Works 009 写实人物	
11	Works 010 自然景物	

	A	B
1	Flash动画案例名称	去除多余空格后的效果
2	Works 001 卡通型老人头像	Works 001 卡通型老人头像
3	Works 002 卡通型动物	
4	Works 003 卡通型人物1	
5	Works 004 卡通型人物2	
6	Works 005 插画型人物1	
7	Works 006 插画型人物2	
8	Works 007 QQ表情	
9	Works 008 漫画型人物	
10	Works 009 写实人物	
11	Works 010 自然景物	

步骤 03 选择B2单元格，然后将其向下拖动并复制公式，以对A列中的其他文本进行处理。

	A	B
1	Flash动画案例名称	去除多余空格后的效果
2	Works 001 卡通型老人头像	Works 001 卡通型老人头像
3	Works 002 卡通型动物	Works 002 卡通型动物
4	Works 003 卡通型人物1	Works 003 卡通型人物1
5	Works 004 卡通型人物2	Works 004 卡通型人物2
6	Works 005 插画型人物1	Works 005 插画型人物1
7	Works 006 插画型人物2	Works 006 插画型人物2
8	Works 007 QQ表情	Works 007 QQ表情
9	Works 008 漫画型人物	Works 008 漫画型人物
10	Works 009 写实人物	Works 009 写实人物
11	Works 010 自然景物	Works 010 自然景物
12		

提示　深入认识TRIM函数

使用TRIM函数可以删除文本中的多余空格，全部删除插入在字符串开头和结尾中的空格。被插入在字符间的多个空格，只保留一个字符，其他的多余空格将全部被删除。

TRIM函数的语法格式如下：

TRIM(text)

其中，text表示需要清除空格的文本。需要说明的是，当直接指定文本时，应家双引号，若不加双引号，则返回错误值"#VALUE!"。

Q19. 如何利用函数UPPER与LOWER实现字母的大小写转换？

函数UPPER用于将文本转换成大写形式，而函数LOWER正好相反，用于将文本转换为小写形式。若函数的参数中包含汉字、数值等英文字母以外的字符，则保持不变，按原样返回。

步骤 01 打开工作表，在D2单元格中输入公式"=UPPER(B2)"，以将其中的小写字母转换为大写格式。

步骤 02 输入完成后，按Enter键进行确认。接着选择D2单元格，将该公式复制至D7单元格，以实现文本的快速转换。

	A	B	C	D
1	名称	型号	封装	字母大小写转换
2	碳膜电阻	4.7k 1/4w	0805	=UPPER(B2)
3		20k 1/4w	0805	UPPER(text)
4		560k 1/4w	0805	
5		5.6k 1/4w	0805	
6		510Ω 1/4w	直插	
7		100k 1/4w	直插	
8	瓷片电容	0.1uf	0805	
9	三极管	S8050	0805	
10	光耦	MOC3021	直插	
11	可控硅	BT136	直插	
12	电解电容	470uf/25v	直插	
13	二极管	IN4007	SMD	
14	稳压管	78L05	直插	
15	继电器	JZC-32F/012-HS3	直插	

	A	B	C	D
1	名称	型号	封装	字母大小写转换
2	碳膜电阻	4.7k 1/4w	0805	4.7K 1/4W
3		20k 1/4w	0805	20K 1/4W
4		560k 1/4w	0805	560K 1/4W
5		5.6k 1/4w	0805	5.6K 1/4W
6		510Ω 1/4w	直插	510Ω 1/4W
7		100k 1/4w	直插	100K 1/4W
8	瓷片电容	0.1uf	0805	
9	三极管	S8050	0805	
10	光耦	MOC3021	直插	
11	可控硅	BT136	直插	
12	电解电容	470uf/25v	直插	
13	二极管	IN4007	SMD	
14	稳压管	78L05	直插	
15	继电器	JZC-32F/012-HS3	直插	

同理，在D8单元格中输入"=LOWER(B8)"，以实现大写字母转换为小写字母。最后再将该公式复制至D20单元格即可。

Q20. 如何利用函数COUNTA统计产品数目？

函数COUNTA 用于统计单元格区域中不为空的单元格个数。如果参数为数组或引用，则只使用其中的数值，而数组或引用中的空白单元格和文本值将被忽略。利用COUNTA函数计算各销售地区家电产品的类型数目。

步骤 01 打开工作表，选择单元格B14并输入公式"=COUNTA(B2:B13)"，以计算产品的数目。

步骤 02 输入完成后，按Enter键即可统计出各销售地区家电产品的类型总数。

	A	B	C	D
1	销售地区	家电类型	销售总额	
2	北 京	豆浆机	124872	
3		饮水机	98472	
4	天 津	电磁炉	38953	
5	山 西	洗衣机	87359	
6	河 南	空 调	238699	
7	河 北	电视机	764822	
8		电风扇	49872	
9	安 徽			
10	湖 南	吸尘器	84286	
11	湖 北			
12	甘 肃	太阳能	990876	
13	宁 夏	电暖气	629746	
14	合 计	=COUNTA(B2:B13)		
15		COUNTA(**value1**, [value2], ...)		

	A	B	C	D
1	销售地区	家电类型	销售总额	
2	北 京	豆浆机	124872	
3		饮水机	98472	
4	天 津	电磁炉	38953	
5	山 西	洗衣机	87359	
6	河 南	空 调	238699	
7	河 北	电视机	764822	
8		电风扇	49872	
9	安 徽			
10	湖 南	吸尘器	84286	
11	湖 北			
12	甘 肃	太阳能	990876	
13	宁 夏	电暖气	629746	
14	合 计	10		

提示　函数COUNTA的使用说明

函数COUNTA的语法格式如下：

COUNTA(value1, [value2], ...)

其中，COUNTA 函数可对包含任何类型信息的单元格进行计数，这些信息包括错误值和空文本 ("")。该函数不会对空单元格进行计数。如果不需要对逻辑值、文本或错误值进行计数，即只希望对包含数字的单元格进行计数，可使用 COUNT 函数。如果只希望对符合某一条件的单元格进行计数，可使用函数COUNTIF或函数COUNTIFS。

Q21. 如何快速统计空白单元格的个数？

在Excel中，可以使用函数COUNTBLANK计算指定单元格区域中空白单元格的个数。该函数只能指定一个参数，若同时选择多个单元格区域，则系统将给出"此函数输入参数过多"的提示信息。

步骤 01 统计工作表中的每天缺勤的人数。在B12单元格中输入公式"=COUNTBLANK(B3:B11)"。

步骤 02 输入完成后，按Enter键进行确认。之后选择B12单元格，将其复制至F12，以计算出这一周每天缺勤的人数。

	A	B	C	D	E	F
1			出勤表			
2		星期一	星期二	星期三	星期四	星期五
3	李侠	√	√	√	√	√
4	胡园园	√		√	√	√
5	李晓莉	√		√	√	
6	李伟	√	√		√	√
7	李旭东	√		√	√	√
8	蒋军国	√	√	√		√
9	段瑞清	√			√	√
10	庞小虎	√	√			√
11	赵伟	√	√	√	√	√
12	合计	=COUNTBLANK(B3:B11)				
13		COUNTBLANK(**range**)				
14						

	A	B	C	D	E	F
1			出勤表			
2		星期一	星期二	星期三	星期四	星期五
3	李侠	√	√	√	√	√
4	胡园园	√		√	√	√
5	李晓莉	√		√	√	
6	李伟	√	√		√	√
7	李旭东	√		√	√	√
8	蒋军国	√	√	√		√
9	段瑞清	√			√	√
10	庞小虎	√	√			√
11	赵伟	√	√	√	√	√
12	合计	0	3	4	2	1

022 如何准确计算两个日期间的天数？

在Excel中如何计算两个日期间的天数呢？其实很简单，只需用减运算符即可获得准确的结果。

步骤 01 打开工作表，首先指定起始日期与结束日期，然后选定所要输入公式的单元格，输入"=B2-B1"。

步骤 02 公式输入完成后，按Enter键进行确认。即可准确得到两个日期间的实际天数，省去了推算的麻烦。

023 如何计算起始日与结束日间的天数（不包括休息日）？

工作日不包括周末和专门指定的假期。在此可以使用函数 NETWORKDAYS，根据某一特定时期内雇员的工作天数，计算其应计的报酬。

步骤 01 在工作表中选择合适的单元格后，单击公示栏中的"插入函数"按钮，弹出"插入函数"对话框，选择"日期与时间"类型。

步骤 02 在"选择函数"列表框中选择NETWORKDAYS，并单击"确定"按钮。弹出"函数参数"对话框，进行相应的设置。需要注意的是，在设置Holidays参数时，要采用绝对引用方式。

步骤 03 设置完成后，单击"确定"即可得到想要的结果。之后选择单元格D3并将其复制至D6，以计算出其他阶段的工作时长。

	A	B	C	D
1	项目计划书			
2	阶段安排	开始时间	结束时间	有效工作天数
3	调查阶段	2010/3/3	2010/4/11	26
4	采购阶段	2010/4/19	2010/5/8	14
5	布置阶段	2010/5/10	2010/5/22	10
6	试营业阶段	2010/5/28	2010/6/30	23
7				
8	节假日列表		放假安排	
9	妇女节		3月8日	
10			4月3日	
11	清明节		4月4日	
12			4月5日	
13			5月1日	
14	劳动节		5月2日	
15			5月3日	
16	母亲节		5月9日	
17	端午节		6月14日	

提示 认识NETWORKDAYS函数

函数NETWORKDAYS的语法格式如下：

NETWORKDAYS(start_date,end_date,[holidays])

start_date为必需项，用于指定开始日期。end_date为必需项，用于指定终止日期。holidays为可选项，用于列出不在工作日历中的一个或多个日期所构成的可选区域，如国家/地区的法定假日以及其他非法定假日。该列表可以是包含日期的单元格区域，或是表示日期的序列号的数组常量。

Q24 如何利用公式返回某日期对应为周几？

在Excel中，使用函数WEEKDAY可以返回某日期为星期几。默认情况下，其值为1（星期日）到7（星期六）之间的整数。

步骤01 在工作表中选择E3单元格，输入公式"=WEEKDAY(B3,2)"，随后按Enter键确认。

步骤02 选择E3单元格，将其向下复制至E19，计算出所有行程日期对应的星期数。

提示 认识WEEKDAY函数

WEEKDAY函数的语法格式为：

WEEKDAY (serial_number,[return_type])

其中，serial_number为必需项，即一个序列号，代表尝试查找的那一天的日期。应使用 DATE 函数输入日期，或者将日期作为其他公式或函数的结果输入。例如，使用函数DATE(2010,9,22) 输入2010 年9月22日。如果日期以文本形式输入，则会出现问题。

return_type为可选项，表示用于确定返回值类型的数字，详细内容见右表。

Return_type	返回的数字
1或省略	数字1（周日）到数字7（周六）
2	数字 1（周一）到数字 7（周日）
3	数字 0（周一）到数字 6（周日）
11	数字1（周一）到数字7（周日）
12	数字1（周二）到数字7（周一）
13	数字1（周三）到数字7（周二）
14	数字 1（周四）到数字 7（周三）
15	数字 1（周五）到数字 7（周四）
16	数字 1（周六）到数字 7（周五）
17	数字 1（周日）到数字7（周六）

○25. 如何使用函数RAND生成1~208之间的整数?

在Excel中生成随机数可以使用函数RAND，该函数用于返回大于等于0及小于1的均匀分布随机实数，每次计算工作表时都将返回一个新的随机实数。

步骤01 打开工作表，选中单元格A2，然后输入公式"＝INT(RAND()*208+1)"。其中，INT函数用于得到数字的整数部分。

步骤02 公式输入完成后，按Enter键进行确认。复制该公式至其他单元格，即可生成多个符合条件的随机数。

	A	B	C
1	随机生成1至208之间的整数		
2	＝INT(RAND()*208+1)		
3			
4			
5			
6			
7			
8			
9			
10			

	A	B	C
1	随机生成1至208之间的整数		
2	147	7	111
3	116	195	55
4	110	156	85
5	74	39	50
6	141	50	80
7			
8			
9			
10			

○26. 如何使用函数ISODD与ISEVEN判断奇偶数?

在Excel中，使用函数ISODD与ISEVEN可以很方便地判断出数值的奇偶性。该函数的返回结果为TRUE和FALSE。

步骤01 打开工作表，选择单元格D3并输入公式"=ISODD(A3)"，以判断当前日期是否为单数日。随后按Enter键即可。

步骤02 选择D3单元格，然后将其向下复制。若当前日期为单数日，则返回TRUE。否则将返回FLASE。

	A	B	C	D	E
1	9月份阶段任务安排				
2	日期(日)	工作内容	责任部门	备注	
3	10	打印文件	办公室	=ISODD(A3)	
4	11	上传资料	办公室	ISODD(number)	
5	12	起草合同	销售部		
6	13				
7	14				
8	15				
9	16				
10	17				
11	18				
12	19				
13	20				

	A	B	C	D
1	9月份阶段任务安排			
2	日期(日)	工作内容	责任部门	备注
3	10	打印文件	办公室	FALSE
4	11	上传资料	办公室	
5	12	起草合同	销售部	
6	13	签约	经理	
7	14	举行例会		
8	15	购买车票	办公室	
9	16	接收传真	办公室	
10	17	维修网络	技术部	
11	18	装订标书	编辑部	
12	19	购买办公用品	财务部	
13	20	统计销售额	财务部	

	A	B	C	D
1	9月份阶段任务安排			
2	日期(日)	工作内容	责任部门	备注
3	10	打印文件	办公室	FALSE
4	11	上传资料	办公室	TRUE
5	12	起草合同	销售部	FALSE
6	13	签约	经理	TRUE
7	14	举行例会		FALSE
8	15	购买车票	办公室	TRUE
9	16	接收传真	办公室	FALSE
10	17	维修网络	技术部	TRUE
11	18	装订标书	编辑部	FALSE
12	19	购买办公用品	财务部	TRUE
13	20	统计销售额	财务部	FALSE
14				

步骤 03 若在D3单元格中输入公式"=ISEVEN (A3)",则可以准确判断当前日期是否为双数日。其中,当前日为双数日时将返回TRUE,否则返回FLASE。

	A	B	C	D
	D13	▼	f_x	=ISEVEN(A13)
1	9月份阶段任务安排			
2	日期(日)	工作内容	责任部门	备注
3	10	打印文件	办公室	TRUE
4	11	上传资料	办公室	FALSE
5	12	起草合同	销售部	TRUE
6	13	签约	经理	FALSE
7	14	举行例会		TRUE
8	15	购买车票	办公室	FALSE
9	16	接收传真	办公室	TRUE
10	17	维修网络	技术部	FALSE
11	18	装订标书	编辑部	TRUE
12	19	购买办公用品	财务部	FALSE
13	20	统计销售额	财务部	TRUE

提示 认识函数ISODD与ISEVEN

函数ISODD的语法格式如下:

ISODD(number)

在执行判断时,若number不是整数,则将截尾取整。若number不是数值型,则将返回错误值"#VALUE!"。

函数ISEVEN的语法格式如下:

ISEVEN(number)

其使用说明与函数ISODD一致。

027. 如何使用函数TEXT将日期转换为文本?

TEXT函数用于将数值转换为文本,并可使用户通过使用特殊格式字符串来指定显示格式。通俗地讲,使用该函数可将数值转换为和单元格格式相同的文本格式。输入数值的单元格内也能设定格式,但格式的设定只能改变单元格格式,而不会影响其中的数值。

步骤 01 将日期转换为普通文本格式。在单元格E2中输入公式"=TEXT(D2,"yyyymmdd")"。之后,按Enter键确认即可。

步骤 02 选中E2单元格将其向下复制,即可将表中全部日期转换。若想将日期值转换为带"点"的文本,如1997.7.1。则应输入公式为"=TEXT(D2,"yyyy.m.d")"或"=TEXT(D2,"e.m.d")"。

	A	B	C	D	E	F
1	学号	姓名	专业名称	入学年月	转为文本格式	
2	04348062	赵 阳	04级新闻学	2004/9/1	=TEXT(D2,"yyyymmdd")	
3	04349028	李浩然	04级艺术设计学	2004/9/1		
4	05351063	彭 芳	05级新闻学	2005/9/1		
5	05352036	储冬冬	05级艺术设计学	2005/9/1		
6	06352049	蔡建鹏	06级新闻学	2006/9/1		
7	06352010	张 龙	06级数字媒体艺术	2006/9/1		
8	06339039	梁业恒	06级地理信息系统	2006/10/1		
9	06340018	李剑锋	06级水文与水资源工程	2006/10/1		
10	06337039	钟 雯	06级城市规划	2006/10/1		
11	04347014	毕丽思	04级地质学	2004/9/1		
12	04347046	赵 昐	04级地质学	2004/9/1		
13	05350030	陈青颖	05级地球信息科学与技术	2005/9/1		
14	05353188	黄敏池	06级法学	2005/9/1		
15	06355035	古嘉盟	06级法学	2006/9/1		
16	05318003	王张炜	05级英语(对外汉语)	2005/9/1		
17	06319122	苏俊超	06级英语(翻译)	2006/10/1		
18	04318041	曾敏婷	04级交通工程	2004/10/1		
19	04323035	彭荣超	04级理论与应用力学	2004/10/1		
20	04324034	韩杨杨	04级交通工程	2004/10/1		

	A	B	C	D	E
1	学号	姓名	专业名称	入学年月	转为文本格式
2	04348062	赵 阳	04级新闻学	2004/9/1	20040901
3	04349028	李浩然	04级艺术设计学	2004/9/1	20040901
4	05351063	彭 芳	05级新闻学	2005/9/1	20050901
5	05352036	储冬冬	05级艺术设计学	2005/9/1	20050901
6	06352049	蔡建鹏	06级新闻学	2006/9/1	20060901
7	06352010	张 龙	06级数字媒体艺术	2006/9/1	20060901
8	06339039	梁业恒	06级地理信息系统	2006/10/1	20061001
9	06340018	李剑锋	06级水文与水资源工程	2006/10/1	20061001
10	06337039	钟 雯	06级城市规划	2006/10/1	20061001
11	04347014	毕丽思	04级地质学	2004/9/1	20040901
12	04347046	赵 昐	04级地质学	2004/9/1	20040901
13	05350030	陈青颖	05级地球信息科学与技术	2005/9/1	20050901
14	05353188	黄敏池	06级法学	2005/9/1	20050901
15	06355035	古嘉盟	06级法学	2006/9/1	20060901
16	05318003	王张炜	05级英语(对外汉语)	2005/9/1	20050901
17	06319122	苏俊超	06级英语(翻译)	2006/10/1	20061001
18	04318041	曾敏婷	04级交通工程	2004/10/1	20041001
19	04323035	彭荣超	04级理论与应用力学	2004/10/1	20041001
20	04324034	韩杨杨	04级交通工程	2004/10/1	20041001

028. 如何使用函数WORKDAY推算工作完成日期?

在Excel中,使用函数WORKDAY可以返回某日期(起始日期)之前或之后相隔指定工作日的某一日期的日期值。因此,利用该函数可以很方便地计算出某项任务的完成日期。

步骤 01 打开工作表,在单元格D3中输入公式"=WORKDAY(B3,C3,C9:C19)"。其中C9:C13为一些节日的放假安排。

步骤02 输入完成后按Enter键确认即可。选中D3单元格并将其向下复制，以实现其他阶段工作的完成日期。

	A	B	C	D
1		项目计划书		
2	项目编号	开始时间	计划天数	结束时间
3	调查阶段	2010/3/3	30	2010年4月15日
4	采购阶段	2010/4/19	15	
5	布置阶段	2010/5/10	15	
6	试营业阶段	2010/5/28	30	

	A	B	C	D	E
1		项目计划书			
2	项目编号	开始时间	计划天数	结束时间	
3	调查阶段	2010/3/3	30	=WORKDAY(B3,C3,C9:C13)	
4	采购阶段	2010/4/19	15		
5	布置阶段	2010/5/10	15		
6	试营业阶段	2010/5/28	30		
7					
8	节假日列表		日期		
9		妇女节	3月8日		
10		清明节	4月3日		
11		劳动节	5月1日		
12		母亲节	5月9日		
13		端午节	6月14日		
14					

D4 · fx =WORKDAY(B4,C4,C10:C14)

	A	B	C	D	E
1		项目计划书			
2	项目编号	开始时间	计划天数	结束时间	
3	调查阶段	2010/3/3	30	2010年4月15日	
4	采购阶段	2010/4/19	15	2010年5月10日	
5	布置阶段	2010/5/10	15	2010年5月31日	
6	试营业阶段	2010/5/28	30	2010年7月12日	

在上一步复制操作中出现错误是因为单元格的引用有错误。节日列表的单元格引用应使用绝对引用，即C$9:C$13。因此在D3单元格中输入"=WORKDAY(B3,C3,C$9:C$13)"。

	A	B	C	D	E
1		项目计划书			
2	项目编号	开始时间	计划天数	结束时间	
3	调查阶段	2010/3/3	30	=WORKDAY(B3,C3,C$9:C$13)	
4	采购阶段	2010/4/19	15		
5	布置阶段	2010/5/10	15		
6	试营业阶段	2010/5/28	30		
7					
8	节假日列表		日期		
9		妇女节	3月8日		
10		清明节	4月3日		
11		劳动节	5月1日		
12		母亲节	5月9日		
13		端午节	6月14日		
14					

029. 如何利用函数MID从身份证号中提取出生日期?

身份证是常见证件，它由17位数字本体码和1位校验码组成。从左至右的排列顺序依次为：6位数字地址码，8位数字出生日期码，3位数字顺序码和1位数字校验码。因此从中提取出生日期很容易，使用函数MID即可。

在B2单元格中输入公式=MID(B1,7,4)&"年"&MID(B1,11,2)&"月"&MID(B1,13,2)&"日"，之后按Enter键确认即可。

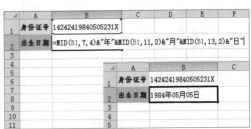

提示 认识MID函数

函数MID用于返回文本字符串中从指定位置开始的特定数目的字符，该数目由用户指定。其语法格式如下：

MID(text,start_num,num_chars)

text是指包含要提取字符的文本字符串。start_num是指文本中要提取的第一个字符的位置。文本中第一个字符的start_num为1，以此类推。num_chars指定了希望MID从文本中返回字符的个数。

030. 如何利用函数ROUND实现数值的四舍五入?

在小学的时候就学过四舍五入法,那么在Excel中如何实现相关数值的四舍五入呢?其实也不难,只要使用函数ROUND即可。具体来讲,使用函数ROUND可将某个数字四舍五入为指定的位数。

步骤01 打开工作表,按照要求在单元格B2中输入公式"=ROUND(A2,2)",之后按Enter键进行确认即可。四舍五入到3位、4位等其他位数时的操作同理。

步骤02 按照要求,需要将A5单元格中数值四舍五入到小数点左侧1位,则应在单元格B5中输入"=ROUND(A5,-1)"。待输入完成后按Enter键确认即可。

	A	B	C
	数值	结果	说明
1			
2	3.14159	=ROUND(A2,2)	四舍五入到2位小数
3	3.14159		四舍五入到3位小数
4	-3.14159		四舍五入到4位小数
5	33.1415		四舍五入到小数点左侧1位
6			

	A	B	C
	数值	结果	说明
1			
2	3.14159	3.14	四舍五入到2位小数
3	3.14159	3.142	四舍五入到3位小数
4	-3.14159		四舍五入到4位小数
5	33.1415	=ROUND(A5,-1)	四舍五入到小数点左侧1位
6			

	A	B	C
	数值	结果	说明
1			
2	3.14159	3.14	四舍五入到2位小数
3	3.14159		四舍五入到3位小数
4	-3.14159		四舍五入到4位小数
5	33.1415		四舍五入到小数点左侧1位
6			
7			

	A	B	C
	数值	结果	说明
1			
2	3.14159	3.14	四舍五入到2位小数
3	3.14159	3.142	四舍五入到3位小数
4	-3.14159	-3.1416	四舍五入到4位小数
5	33.1415	30	四舍五入到小数点左侧1位
6			
7			

提示 认识函数ROUND

函数ROUND语法格式如下:

ROUND(number, num_digits)

参数number为要四舍五入的数字。num_digits为位数,表示按此位数对 number 参数进行四舍五入。下面将对其使用方法进行介绍:

● 参数number不能为单元格区域,若参数为数值以外的文本,则返回错误值"#VALUE"。

● 如果位数大于0(零),则将数字四舍五入到指定的小数位。

● 如果位数等于0,则将数字四舍五入到最接近的整数。

● 如果位数小于0,则在小数点左侧进行四舍五入。

● 若要始终进行向上舍入(远离 0),请使用 ROUNDUP 函数。

● 若要始终进行向下舍入(朝向 0),请使用 ROUNDDOWN 函数。

● 若要将某个数字四舍五入为指定的倍数,如四舍五入为最接近的0.5倍,可使用MROUND函数。

031. 如何利用数组公式进行多项计算?

在Excel中,利用数组公式可以对一组或多组数据同时进行计算,并返回一个或多个结果。数组公式包括于大括号{}之中,按快捷键Ctrl+Shift+Enter可以输入数组公式。下面将使用数组公式执行生成单个结果的多项运算。

步骤01 打开工作表,选择单元格B16,随后输入"=SUM(C3:C15*D3:D15)"。该公式含义为:将各蔬菜的单价与数量相乘,然后再求和。

步骤02 按快捷键Ctrl+Shift+Enter,系统会自动在公式两旁插入{ }并计算出最终结果。

▲	A	B	C	D	E
1	零点蔬菜店订货单				
2	编号	名称	单价	数量	
3	103698	洋葱	0.85	1465	
4	104826	藕	1.23	2363	
5	103738	土豆	1.90	1065	
6	105896	山药	1.85	2630	
7	105877	番茄	2.00	3870	
8	102736	茄子	1.50	2863	
9	106542	大白菜	0.82	1265	
10	108766	豆角	1.50	1682	
11	107596	生姜	1.45	1830	
12	108698	韭菜	1.13	3465	
13	108349	冬瓜	0.65	4061	
14	109896	红萝卜	0.51	980	
15	112698	白萝卜	0.53	1002	
16	合计	=SUM(C3:C15*D3:D15)			

B16　f_x　{=SUM(C3:C15*D3:D15)}

▲	A	B	C	D	E
1	零点蔬菜店订货单				
2	编号	名称	单价	数量	
3	103698	洋葱	0.85	1465	
4	104826	藕	1.23	2363	
5	103738	土豆	1.90	1065	
6	105896	山药	1.85	2630	
7	105877	番茄	2.00	3870	
8	102736	茄子	1.50	2863	
9	106542	大白菜	0.82	1265	
10	108766	豆角	1.50	1682	
11	107596	生姜	1.45	1830	
12	108698	韭菜	1.13	3465	
13	108349	冬瓜	0.65	4061	
14	109896	红萝卜	0.51	980	
15	112698	白萝卜	0.53	1002	
16	合计	36875			

032. 如何利用数组公式计算两个单元格区域的乘积？

如何利用数组公式返回多个结果？在工作表中，包含这样两列数据，一列为单价，另一列为数量，如何计算各商品对应的总价呢？

步骤01 打开工作表，选中要保存数组公式计算结果的单元格区域。

步骤02 随后输入公式"=C3:C15*D3:D15"。该公式表示分别计算各商品的总金额，然后输出。

▲	A	B	C	D	E
1	零点蔬菜店订货单				
2	编号	名称	单价	数量	总金额
3	103698	洋葱	0.85	1465	
4	104826	藕	1.23	2363	
5	103738	土豆	1.90	1065	
6	105896	山药	1.85	2630	
7	105877	番茄	2.00	3870	
8	102736	茄子	1.50	2863	
9	106542	大白菜	0.82	1265	
10	108766	豆角	1.50	1682	
11	107596	生姜	1.45	1830	
12	108698	韭菜	1.13	3465	
13	108349	冬瓜	0.65	4061	
14	109896	红萝卜	0.51	980	
15	112698	白萝卜	0.53	1002	
16	合计				

▲	A	B	C	D	E	F
1	零点蔬菜店订货单					
2	编号	名称	单价	数量	总金额	
3	103698	洋葱	0.85	1465	=C3:C15*D3:D15	
4	104826	藕	1.23	2363		
5	103738	土豆	1.90	1065		
6	105896	山药	1.85	2630		
7	105877	番茄	2.00	3870		
8	102736	茄子	1.50	2863		
9	106542	大白菜	0.82	1265		
10	108766	豆角	1.50	1682		
11	107596	生姜	1.45	1830		
12	108698	韭菜	1.13	3465		
13	108349	冬瓜	0.65	4061		
14	109896	红萝卜	0.51	980		
15	112698	白萝卜	0.53	1002		
16	合计					

步骤03 输入完成后，按快捷键Ctrl+Shift+Enter即可计算出所有商品对应的总金额。

▲	A	B	C	D	E	F
1	零点蔬菜店订货单					
2	编号	名称	单价	数量	总金额	
3	103698	洋葱	0.85	1465	1245.25	
4	104826	藕	1.23	2363	2906.49	
5	103738	土豆	1.90	1065	2023.5	
6	105896	山药	1.85	2630	4865.5	
7	105877	番茄	2.00	3870	7740	
8	102736	茄子	1.50	2863	4294.5	
9	106542	大白菜	0.82	1265	1037.3	
10	108766	豆角	1.50	1682	2523	
11	107596	生姜	1.45	1830	2653.5	
12	108698	韭菜	1.13	3465	3915.45	
13	108349	冬瓜	0.65	4061	2639.65	
14	109896	红萝卜	0.51	980	499.8	
15	112698	白萝卜	0.53	1002	531.06	
16	合计					

提示　数组公式的使用原则

- 输入数组公式时，首先要选择用来保存计算结果的单元格区域。
- 数组公式输入后，按快捷键Ctrl+Shift+Enter，此时系统将在输入公式的两边加上大括号{}，表示该公式是一个数组公式。单击数组公式所包含的任一单元格，在公式栏中就会出现带有大括号的数组公式，单击其中的数组公式，其两边的大括号将会消失。
- 在数组公式所涉及的区域中，不能编辑、清除或移动单个单元格，也不能插入或删除其中任何一个单元格。

Q33. 如何利用数组公式实现条件计算？

在Excel中，使用数组公式还可以实现复杂条件的运算。在如下工作表中，存在一个10行3列的数组，现计算出所有大于100的整数之和。

步骤01 打开工作表，选择单元格A12，然后输入公式"=SUM((A1:C10>0)*A1:C10)"。

步骤02 输入完成后，按快捷键Ctrl＋Shift＋Enter结束编辑，此时即可查看到计算结果。

	A	B	C
1	188	79	188
2	59	181	176
3	183	177	166
4	197	90	179
5	97	189	77
6	193	82	181
7	79	181	190
8	193	192	194
9	74	186	96
10	182	88	189
11			
12	=SUM((A1:C10>100)*A1:C10)		

	A	B	C
1	188	79	188
2	59	181	176
3	183	177	166
4	197	90	179
5	97	189	77
6	193	82	181
7	79	181	190
8	193	192	194
9	74	186	96
10	182	88	189
11			
12	3705		

Q34. 如何利用函数COUNTIF进行数据统计工作（统计数组中大于50的数据的个数）？

在Excel中使用函数COUNTIF可以统计出满足给定条件的数据个数。需要注意的是，使用该函数只能指定一个条件，若要同时检索2个或2个以上的条件，则应结合IF函数。

步骤01 打开工作表，选择所要输入公式的单元格，然后单击公示栏中的"插入函数"按钮，在弹出的"插入函数"对话框中选择COUNTIF函数。

步骤02 单击"确定"按钮，弹出"函数参数"对话框，分别指定Range与Criteria的参数值。

步骤03 单击"确定"按钮，在工作表中即可查看到所统计的结果。

	A	B	C
1	93	8	22
2	43	19	96
3	82	88	39
4	26	79	98
5	73	36	9
6	38	90	94
7	67	78	24
8	6	49	87
9	80	69	18
10	76	10	93
11			
12	大于50的个数		16

提示 **认识COUNTIF函数**

函数COUNTIF的语法格式如下：

COUNTIF (range, criteria)

range为所要计算满足条件的单元格数目的单元格区域。若省略，则会出现相应的错误提示信息。criteria为确定哪些单元格将被计算在内的条件，其形式可以是文本、数值或表达式。若在单元格或公式栏中直接指定检索条件，则应为条件添加双引号。

---

035. **如何对共享工作簿进行加密？**

在Excel 2010中，用户不但可以创建共享工作簿，还可以将其放置在可供几个人同时编辑的一个网络位置上。具有网络共享访问权限的所有用户都可以访问共享工作簿，为安全起见，用户应对共享工作簿设置密码加以保护。

步骤01 打开共享工作簿，单击"审阅"选项卡中的"保护并共享工作簿"按钮。

步骤02 弹出"保护共享工作簿"对话框，勾选"以跟踪修订方式共享"复选框，并在下方的文本框中输入密码。

步骤03 单击"确定"按钮，弹出"确认密码"对话框，再次输入密码。最后确认即可。这样便可对共享工作簿实施密码保护。

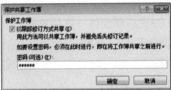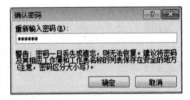

036. **如何将工作簿标记为最终状态？**

共享Excel工作簿后，为了防止其他用户对文档进行更改，用户可以事先将文档设置"标记为最终状态"，之后文档就成为了只读形式，键入、编辑命令以及校对标记都会被禁用或关闭，那么该如何将文档标记为最终状态呢？

步骤01 打开Excel工作簿，执行"文件>信息"命令，在右侧单击"保护工作簿"按钮。在其下拉列表中选择"标记为最终状态"选项。

步骤02 此时将弹出提示信息，单击"确定"按钮。随后系统又给出提示信息，再次单击"确定"按钮即可。返回工作簿，在状态栏中即可发现"标记为最终状态"的标记。

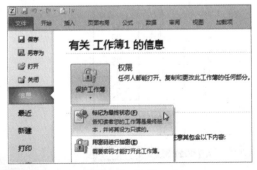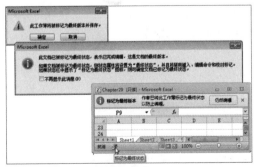